风力发电机组原理与应用

第 4 版

姚兴佳 宋 俊 等编著

机械工业出版社

本书主要介绍了大型风力发电机组原理及其应用的基本知识。全书共分为10章，包括绪论，风力机，发电系统，主传动与制动，变桨距、偏航与辅助系统，控制系统，风力发电机组的运行，支撑体系，海上风力发电机组和风力发电机组的维护。

本书的定位是职业教育，用于对从事风力发电机组制造和使用的人员进行培训，也可以作为大专院校相关专业的教材或教学参考资料，同时适合作为风电场和风电企业管理人员、技术人员以及广大风电爱好者的自学读物。

本书配有课件，请登录机械工业出版社教育服务网注册并下载，网址：http://www.cmpedu.com/index.htm

图书在版编目（CIP）数据

风力发电机组原理与应用/姚兴佳等编著. —4 版. —北京：机械工业出版社，2020.4（2024.8 重印）

ISBN 978-7-111-65338-7

Ⅰ.①风… Ⅱ.①姚… Ⅲ.①风力发电机-发电机组 Ⅳ.①TM315

中国版本图书馆 CIP 数据核字（2020）第 060968 号

机械工业出版社（北京市百万庄大街 22 号　邮政编码 100037）
策划编辑：林春泉　责任编辑：林春泉
责任校对：李　杉　封面设计：鞠　杨
责任印制：单爱军
北京虎彩文化传播有限公司印刷
2024 年 8 月第 4 版第 6 次印刷
169mm×239mm · 18.5 印张 · 339 千字
标准书号：ISBN 978-7-111-65338-7
定价：69.00 元

电话服务

客服电话：010-88361066
　　　　　010-88379833
　　　　　010-68326294

封底无防伪标均为盗版

网络服务

机　工　官　网：www.cmpbook.com
机　工　官　博：weibo.com/cmp1952
金　书　网：www.golden-book.com
机工教育服务网：www.cmpedu.com

前　言

　　本书主要介绍了大型风力发电机组原理及其应用的基本知识。原理包括相关理论、定义、结构和工作机理；应用包括运行、监控、维护、失效分析和故障处理。

　　本书在内容上的特点是以能量流和信息流为线索，系统地表述整机和部件原理；打破了学科的局限，以"功能块"为基本单元编排全书结构；以稳态工作点的设置为出发点，介绍了风力发电机组的运行机理。

　　为了便于广大读者阅读，在介绍基本原理时力求处理好定性与定量的关系，尽量以定性描述为主。集中讨论结构原理，重点介绍如何解决风力发电机组应用中的实际问题。尽管如此，在风力机的介绍中，还是进行了一些必要的定量分析，其目的主要是为了有利于读者对风力机原理的深入理解。一般读者可以只注重最终的结论。

　　本书第1版于2009年出版，至今已经10多年了，进行了两次较大的修订，相继出版了第2版和第3版。本书自出版以来，受到了广大读者的欢迎。在此对读者和本书出版发行过程中给予我们帮助的所有朋友表示衷心的感谢，特别感谢机械工业出版社林春泉老师付出的辛劳。

　　10多年来，风力发电产业和技术都有了突飞猛进的发展。为了适应新形势，本书进行了第3次修订。这次修订的目的是"吐故纳新"。在第3版的基础上，本版删减了与核心内容关联较少或目前已较少使用的内容，如风的形成、风的统计特性、液压元件、双速发电机组的运行、优化转差机组的运行等。同时，增加了一些基础知识和与新技术相关的内容，如风力机空气动力学基本概念、多极永磁发电机结构、直驱式机组主传动、激光风速雷达、控制系统的智能化、机组的消防与视频等，并且增加了海上风力发电机组一章。根据新内容的需要，增加和更新了大量图表。

　　本书的定位是职业教育，用于对从事风力发电机组制造和使用的人员进行培训，也可以作为大专院校相关专业的教材或教学参考资料，同时适合作为风电场和风电企业管理人员、技术人员以及广大风电爱好者的自学读物。

　　本书第4版主要由姚兴佳教授、宋俊教授执笔。单光坤、隋红霞撰写了第9章部分内容并提供了大量资料。

　　在本书第4版的编写过程中，得到了海上风力发电技术与检测国家重点实验室和中国再生能源学会风能专业委员会相关单位的热情帮助，在此一并表示感谢。

我们一如既往地希望广大读者对本书改版后的不当之处提出更多的批评和建议，这样可以增加我们的见识，将今后的工作提高一步。

编著者于沈阳

目　　录

主要物理量符号表

a——轴向气流诱导因子

a'——切向气流诱导因子

A——面积

A_d——风轮扫掠面积

c——翼型几何弦长

C——电容

C_d——阻力特征系数

C_F——推力系数

C_l——升力特征系数

C_m——气动俯仰转矩系数

C_M——转矩系数

C_P——风能利用系数

D——叶片所受阻力

f——电动势的频率

f_1——定子电流的频率（同步频率），电网频率

f_2——转子电流的频率

f_{em}——电磁力

F——力，风轮所受的总轴向推力

F_n——叶片所受轴向推力

F_t——叶片所受驱动力

h——高度

H——桨距

i——电流

I——定子绕组的线电流有效值

I_{dc}——直流电流

I_N——额定电流

L——电感，叶片所受升力

M——转矩，风轮输出转矩

M_{em}——电磁转矩

M_m——主传动系统的输出转矩

n——发电机转子转速

n_1——同步转速

N——叶片数

p——静压力，电机绕组的极对数

p_w——风功率密度

P——功率，风轮输出功率

P_1——电机定子有功功率

P_2——电机转子有功功率

P_{Cu1}——定子铜耗

P_{Cu2}——转子铜耗

P_e——发电系统的输出功率

P_{em}——电磁功率

P_{el}——发电机有功功率

P_m——主传动系统的输出功率（电机轴上的机械功率）

P_N——额定功率

Q_1——电机定子无功功率

Q_2——电机转子无功功率

r——叶素绕风轮中心旋转的半径

R——风轮半径，电阻，叶片所受气动合力

s——转差率

s_p——临界转差率

t——时间，温度

u——电压

U——定子三相绕组上的线电压有效值

U_{dc}——直流电压

U_N——额定电压

v——风速

v_d——致动盘（或风轮）处的气流速度

v_∞——风轮上游未受扰动的气流速度

v_w——风轮尾流远端气流速度

w——气流相对速度

W——能量

z_0——粗糙度长度

α——攻角，风切变指数，双馈电机定、转子电压的相位差

α_{cr}——临界攻角

β——桨距角

η——效率

η_e——发电系统的总效率

η_m——主传动系统的总效率

η_N——额定效率

λ——尖速比

λ_r——周速比

ρ——密度

φ——气流倾角，功率因数角

ω_1——同步角频率

Ω——风轮转动角速度

Ω_m——主传动系统输出轴的角速度

第一章
绪　论

本章主要介绍了风力发电机组的构成及其分类，以及风力发电机组的工作原理和典型机型。

第一节　风力发电机组概述

风力发电机组（简称风电机组、机组）是将风的动能转换成电能的系统。目前，主要的风能利用领域是风力发电，特别是并网发电。

一、总体结构

图 1-1 所示为风力发电机组的组成。

从整体上看，风力发电机组可分为风力机、发电系统和控制系统 3 个部分。风

图 1-1　风力发电机组的组成

力机将风的动能转换为旋转机械的动能；发电系统包括发电机和辅助设备，将旋转机械的动能转换为电能；控制系统包括传感器、电气设备、计算机控制系统和相应软件，对整机进行监控。

二、基本参数

风力发电机组的基本参数是风轮直径（或风轮扫掠面积）和额定功率。风轮直径决定机组能够在多大的范围内获取风中蕴含的能量。额定功率是在正常工作条件下，风力发电机组的设计要达到的最大连续输出电功率。

风轮直径应当根据不同的风况与额定功率匹配，以获得最大的年发电量和最低的发电成本，必要时配置较大直径风轮供低风速区选用，配置较小直径风轮供高风速区选用。

三、分类

大型风力发电机组的分类与其所采用的风力机和发电机的种类有关，从宏观上看，可以有如下分类。

1. 按风力机的类型分

（1）按捕获风能多少分

1）小型：10kW以下，主要用于离网发电的场合，一般采用尾舵自动对风；

2）中型：10kW～1MW；

3）大型：大于1MW，主要用于并网发电的场合，目前陆地上常用2～3MW，海上最大达10MW。

（2）按驱动原理分

1）升力型：风轮旋转是由叶片所受的升力作用引起的；

2）阻力型：风轮旋转是由叶片对风的阻力作用引起的。旋转杯形风速计就是阻力型风力机的例子。由于阻力型风力机效率较低，很少用于大型机组。

（3）按风轮轴方向分

1）水平轴：水平轴机组是风轮轴基本上平行于风向的风力发电机组，如图1-2a所示。工作时，风轮的旋转平面与风向基本垂直。

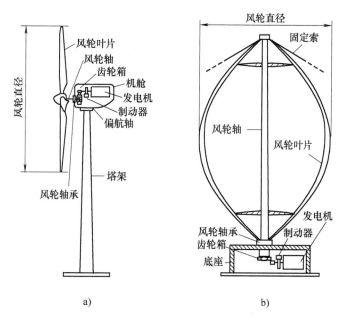

图 1-2　水平轴与垂直轴风力发电机组

a）水平轴　b）垂直轴

水平轴机组随风轮与塔架相对位置的不同而有上风向与下风向之分，如图1-3所示。风轮在塔架的前面迎风旋转，称为上风向机组；风轮安装在塔架后面，风先经过塔架，再到风轮，则称为下风向机组。上风向机组必须有调向装置来保持风轮迎风。而下风向机组则能够自动对准风向，从而免去了调向装置。

但对于下风向机组，由于一部分空气通过塔架后再吹向风轮，这样塔架就干扰了流过叶片的气流而形成所谓"塔影效应"，影响风力机的出力，使性能有所降低。

2）垂直轴：垂直轴机组是风轮轴垂直于风向的风力发电机组，如图1-2b所示。其主要特点是可以接收来自任何方向的风，因而当风向改变时，无需对风。由于不需要调向装置，使它们的结构简化。垂直轴风力发电机组的另一个优点是齿轮箱和发电机可以安装在地面上。由于垂直轴风力发电机组需要大量材料，占地面积大，起动性能较差，目前商用大型风力发电机组采用较少。

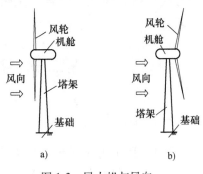

图 1-3 风力机与风向

a）上风向 b）下风向

（4）按额定功率调节方式分

1）定桨距：叶片固定安装在轮毂上，角度不能改变。当风速超过额定风速时，利用叶片本身的空气动力特性减小旋转力矩维持输出功率相对稳定。

2）变桨距：叶片通过迴转轴承安装在轮毂上，通过叶片安装角度的变化，改变获得的空气动力转矩，能使功率输出保持稳定。

3）主动失速：这种机组的工作原理是以上两种形式的组合。当机组达到额定功率后，通过叶片安装角度的反向变化，利用叶片本身的空气动力特性减小旋转力矩，从而限制风能的捕获。

2. 按发电机的类型分

（1）按转速分

1）高速型：风力发电机组应用高速发电机，由于风轮的转速较低，通常达不到发电机发电的要求，必须通过齿轮箱的增速作用来实现。

2）低速（直驱）型：风力发电机组应用多极同步发电机，让风力机直接拖动发电机转子运转在低速状态，可以去掉齿轮箱，提高了机组的可靠性。

3）中速（"半直驱"）型：这种风力发电机组的工作原理是以上两种形式的折中。减少了多极同步发电机的极数，同时也相应地设置了增速比较小的齿轮箱。

（2）按转速变化分

1）恒速：发电机在与电网频率相对应的恒定转速下工作，当齿轮箱增速比恒定时，风力机也在恒定不变的转速下运行，称为恒速恒频运行方式。

2）多态恒速：机组中包含两台或多台发电机（或应用双速、多速发电机），根据风速的变化，可以有不同大小和数量的发电机投入运行，使风力机在两个或两个以上的速度下工作，从而提高效率。

3）变速：采用变速发电机，可以使风力机的转速随风速连续变化，从而更有效地捕获风能。目前，主流的大型风力发电机组都采用变速恒频运行方式。

第二节　并网型风力发电机组

一、工作原理

图 1-4 所示为并网型风力发电机组总体结构简图。其中，发电机是发电的核心部件，变压器使发出的交流电升压，断路器在控制系统的作用下实现并网或脱网。

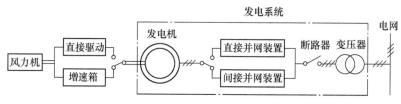

图 1-4　并网型风力发电机组总体结构简图

由于发电机的不同，并网方式有直接并网和间接并网两种。直接并网是指恒速发电机发出电流的频率与电网频率相同，可以直接与电网连接，直接并网的核心是软并网装置；间接并网是指变速发电机发出电流的频率与电网频率不同，必须经过变流器与电网连接。

在风力发电机组中，存在着两种物质流。一种是能量流，另一种是信息流。两者的相互作用，使机组完成发电功能。图 1-5 所示是一种典型的风力发电机组的工作原理。

1. 能量流

当风以一定的速度吹向风力机时，在风轮上产生的力矩驱动风轮转动。将风的动能变成风轮旋转的动能，两者都属于机械能。风轮的输出功率

$$P = M\Omega \tag{1-1}$$

式中　P——风轮的输出功率，单位为 W；

　　　M——风轮的输出转矩，单位为 N·m；

　　　Ω——风轮转动角速度，单位为 rad/s。

风轮的输出功率通过主传动系统传递。主传动系统可以使转矩和转速发生

变化，于是有

$$P_m = M_m \Omega_m = M\Omega\eta_m \tag{1-2}$$

式中　P_m——主传动系统的输出功率，单位为 W；

$\quad\quad M_m$——主传动系统的输出转矩，单位为 N·m；

$\quad\quad \Omega_m$——主传动系统输出轴的角速度，单位为 rad/s。

$\quad\quad \eta_m$——主传动系统的总效率。

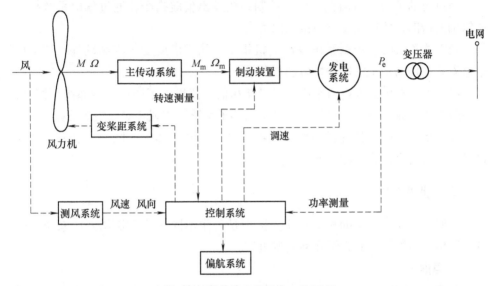

图 1-5　风力发电机组的工作原理

主传动系统将动力传递给发电系统，发电系统把机械能转换为电能。发电系统的输出功率

$$P_e = P_m\eta_e \tag{1-3}$$

式中　P_e——发电系统的输出功率，单位为 W；

$\quad\quad \eta_e$——发电系统的总效率。

对于并网型风力发电机组，发电系统输出的交流电经过变压器升压后，即可输入电网。

2. 信息流

信息流的传递是围绕控制系统进行的。控制系统的功能是运行状态控制和安全保护。运行状态包括起动、运行、暂停、停止等。在出现恶劣的外部环境和机组零部件突然失效时应该紧急关机。

风速、风向、风力机的转速、发电功率等物理量通过传感器变换成电信号传给控制系统，它们是控制系统的输入信息。控制系统随时对输入信息进行加工和比较，及时地发出控制指令，这些指令是控制系统的输出信息。

对于变桨距机组，当风速大于额定风速时，控制系统发出变桨距指令，通过变桨距系统改变风轮叶片的桨距角，从而控制风力发电机组的输出功率。在起动和停止的过程中，也需要改变叶片的桨距角。

对于变速型机组，当风速小于额定风速时，控制系统可以根据风速的大小发出改变发电机转速的指令，以便使风力机最大限度地捕获风能。

当风轮的轴向与风向偏离时，控制系统发出偏航指令，通过偏航系统校正风轮轴的指向，使风轮始终对准来风方向。

当需要关机时，控制系统发出关机指令，除了借助变桨距制动外，还可以通过安装在传动轴上的制动装置实现制动。

实际上，在风力发电机组中，能量流和信息流组成了闭环控制系统。同时，变桨距系统、偏航系统等也组成了若干闭环子系统，实现相应的控制功能。

应该指出，由于各种风力发电机组结构的不同，其工作原理也有差异，在这里介绍的是比较典型的情况。

二、典型机型

大型风力发电机组的机型很多，区别是采用不同的风力机和发电系统，两者应该相互匹配。下面介绍几种典型机型。

1. 恒速式

恒速机组如图 1-6 所示。这种形式的机组使用笼型感应发电机，发电机转子通过齿轮箱与风轮连接，而发电机定子回路与电网用交流电连接。在正常运行时，速度仅在很小的范围内变化，通常不超过 2%，即为感应发电机的转差范围。

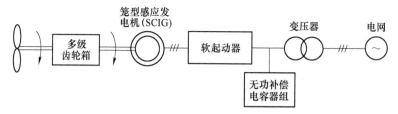

图 1-6　笼型感应发电机恒速机组

感应发电机向电网提供有功功率，从电网吸收无功功率用来为发电机励磁。显然，转子回路短路的感应发电机不能控制无功功率，因此感应发电机经常处于用电容器组进行无功功率空载补偿或满载补偿的状态。图 1-7 所示为一种恒速恒频风力发电机组。

2. 多态恒速式

多态恒速风力发电机组中包含两台或多台感应发电机，根据风速的变化，可以有不同大小和数量的发电机投入运行。这样，当风力发电机组在低风速段运行时，不仅叶片具有较高的气动效率，发电机的效率

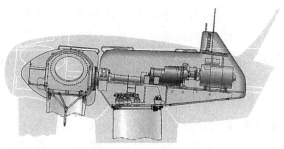

图 1-7　恒速恒频风力发电机组内部结构

也能保持在较高水平。这种机型曾一度是主流机型，被称为"丹麦式"机组。

以上介绍的两种机型常采用定桨距风力机，以下介绍的各种机型一般采用变桨距风力机。

3. 优化转差式

图 1-8 为优化转差式风力发电机组示意图。这种形式的机组采用绕线转子感应发电机，通过对发电机转子电流的控制来迅速改变发电机转差率，从而改变风轮转速，使风力发电机组能够以部分变速方式运行于超同步转速的范围内，最高可超过同步转速的 10%。

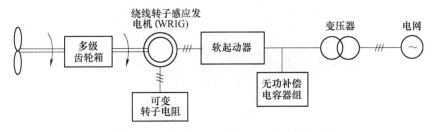

图 1-8　优化转差式风力发电机组示意图

4. 双馈式

图 1-9 所示为双馈式风力发电机组的结构简图。这种形式的机组采用交流励磁双馈式发电机。转子的转速与励磁的频率有关。双馈发电机组允许发电机在同步转速±30%转速范围内运行。

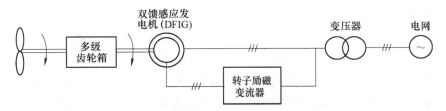

图 1-9　双馈式风力发电机组的结构简图

双馈式风力发电机组的转子通过变流器与电网连接，变流器的额定容量通常为风力发电机组额定功率的25%左右。转子超同步运行时，有功功率从转子回路送到电网，而转子次同步运行时，转子回路从电网吸收有功功率。

图1-10所示为一种双馈式机组内部结构。包括设在轮毂之中的变桨距系统，由双馈发电机、变流器等组成的发电系统，由主轴及主轴承、齿轮箱和联轴器等组成的主传动系统，由电动机、减速器、偏航轴承、制动机构等组成偏航系统以及由传感器、电气设备、控制器和相应软件等组成的控制系统。此外，还设有液压系统，为高速轴上设置的制动装置、偏航制动装置提供液压动力。液压系统包括液压站、输油管和执行机构。为了实现齿轮箱、发电机、变流器的温度控制，还设有循环油冷却风扇和加热器等。齿轮箱可以将较低的风轮转速变为较高的发电机转速。同时也使得发电机易于控制，实现稳定的频率和电压输出。

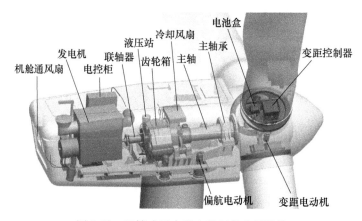

图1-10　双馈式风力发电机组的内部结构

5. 多级齿轮箱全功率变流器式

笼型感应发电机和永磁同步发电机都可以通过全功率变流器与电网连接，如图1-11所示。风力机和发电机之间仍采用多级齿轮箱。这类风力发电机组变速范围更大，只是变流器的成本较高。

6. 直驱式

图1-12所示为直驱式全功率变流风力发电机组。这种风力发电机组采用多极发电机，它可以直接连接风力机，从而避免增速箱带来的诸多不利。

直驱式风力发电机组的发电机转子转速随风速而改变，其交流电的频率也随之变化，经过大功率电力电子变流器，将频率不定的交流电整流成直流电，再逆变成与电网同频率的交流电输出。变速恒频控制是在定子电路实现的，因

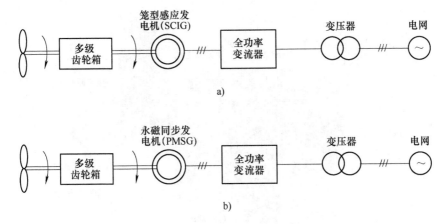

图 1-11 多级齿轮箱全功率变流器式机组

a) 采用笼型感应发电机 b) 采用永磁同步发电机

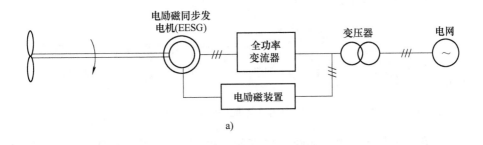

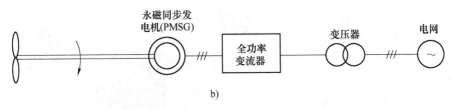

图 1-12 直驱式全功率变流风力发电机组

a) 采用多极电励磁同步发电机 b) 采用多极永磁同步发电机

此变流器的容量与系统的额定容量相同。

图 1-13 所示为一种永磁直驱式风力发电机组内部结构。机舱内包括发电系统、制动系统、监控系统、温控和润滑系统等部件。

7. 中速发电机（"半直驱"）式

这种机型采用增速比较低的变速装置以提高发电机转速，同时减少了多极同步发电机的极数，介于高速发电机型和直接驱动型之间（故又称"半直驱"

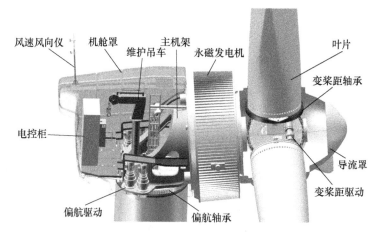

图 1-13　永磁直驱式风力发电机组内部结构

型）。图 1-14 所示为其结构简图。

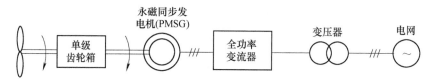

图 1-14　中速发电机式机组结构简图

一种中速发电机型机组如图 1-15 所示。机舱内部包括变桨距系统、一级行星增速器集成多极低速发电机、变流器、控制器、偏航系统、测风系统和底板等，把行星齿轮副与发电机集成在一起，构成了发电机单元。发电单元的主轴与轮毂直接实现机械连接，并经过全额大功率变流器与电网实现电气连接。

8. 变速主传动式

应用变速主传动机构与同步发电机连接，可以使同步发电机直接并网，从而实现风力机的变

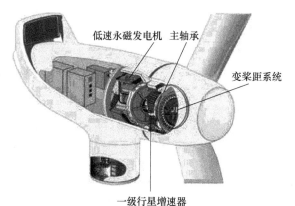

图 1-15　中速发电机式（半直驱）式机组

速运行，如图 1-16 所示，可获得最佳的捕获风能效果。

上述各种机型中，恒速式和优化转差式机型曾经是主流机型，虽然在早期

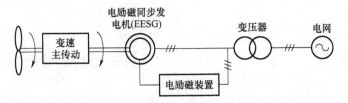

图 1-16　带变速主传动增速的发电机组

风电场中或有运行，但已退出商业市场；目前双馈式机型占据主导地位，直驱式机型得到迅速发展；其他机型也有少量生产。

第二章
风 力 机

风力机是用于捕获风能的旋转机械。它的核心部件是风轮，风轮由叶片和轮毂组成，此外还有相关的控制机构。本章主要介绍大型水平轴螺旋桨式风力机的结构和工作原理。

第一节　基 本 概 念

首先介绍几点与风力机工作相关的基本概念。

一、风的动能

风是空气流动的现象，流动的空气具有能量。在忽略化学能的情况下，这些能量包括机械能（动能、位能和压力能）和热能。风力发电机组将风的动能转换为风力机的动能并进而转换为电能。从风的动能到风力机的动能的转换是通过叶片实现的，而从风力机的动能到电能的转换则是通过发电机实现的。对于水平轴的风力发电机组，在这个转换过程中，风的位能和压力能保持不变。因此，主要考虑风的动能的转换，通常所说的风能就是指风的动能。

根据牛顿第二定律可以得到，空气流动时的动能为

$$W = \frac{1}{2}mv^2 \tag{2-1}$$

式中　W——风能，单位为 J；

　　　m——空气质量，单位为 kg；

　　　v——来流速度，单位为 m/s。

以速度 v 垂直流过截面面积 A 的气流流量为

$$q_v = vA$$

在 t 时间内，流过的气流体积为

$$V = q_v t = vAt$$

流过的质量为

$$m = \rho V = \rho vAt \tag{2-2}$$

将式（2-2）代入式（2-1）可得气流所具有的动能为

$$W = \frac{1}{2}mv^2 = \frac{1}{2}(\rho vAt)v^2 = \frac{1}{2}\rho Av^3 t \qquad (2-3)$$

式中　ρ——空气密度，单位为 kg/m^3；

　　　A——过流面积，单位为 m^2。

如果气流的动能全部用于对外做功，则所产生的功率为

$$P = \frac{W}{t} = \frac{1}{2}\rho Av^3 \qquad (2-4)$$

式中　P——气流功率，单位为 W。

气流垂直通过单位面积的风功率称为风功率密度（p_w），它是表征一个地方风能资源多少的指标。即

$$p_w = \frac{P}{A} = \frac{1}{2}\rho v^3$$

二、不可压缩流体

流体都具有可压缩性，无论是液体还是气体。所谓可压缩性是指在压力作用下，流体的体积会发生变化。通常情况下，液体在压力作用下体积变化很小。对于宏观的研究，这种变化一般可以忽略不计。这种在压力作用下体积变化可以忽略的流体称为不可压缩流体。气体在压力作用下，体积会发生明显变化。这种在压力作用下体积发生明显变化的流体称为可压缩流体。

但是在一些过程中，譬如远低于声速的空气流动过程，气体压力和温度的变化可以忽略不计，因而可以将空气作为不可压缩流体进行研究。风力机实际运行工况下，可以近似认为空气密度 ρ 为常数。此时，称空气流为"不可压缩"流，或称定密度流。

三、流体黏性

黏性是流体的重要物理属性，是流体抵抗剪切变形的能力。以图 2-1 所示的平行平板间流体流动为例，研究黏性的产生及其大小。平板间充满流体，上平板以速度 v_h 运动，下平板不动。贴近两平板的流体必须黏附于平板，紧贴于运动面上的流体必然会与运动面相同的速度 v_h 运动，而紧贴下平板面的流体的速度则为零。由实验得知，两平板间的各流体层的速度从零到 v_h 呈线性规律变化。运动较快的流层带动较慢的流层，而运动较慢的流层又阻滞运动较快的流层，不同速度流层之间互相牵制，产生层与层之间的摩擦。这就是流体在流动过程中由于黏性而产生的内摩擦力。流层间的内摩擦力 F 与流层的接触面积 A 及流

层的相对速度 dv 成正比，而与此二流层间的距离 dy 成反比，即

$$F = \mu A \frac{dv}{dy} \tag{2-5}$$

式中 $\quad \dfrac{dv}{dy}$ ——速度梯度，单位为 1/s，表示沿流体流层法向单位长度上速度的变化率，当层间距很小时，可近似认为 dv 与 dy 为线性关系；

$\quad \mu$ ——动力黏度，单位为（N·s）/m^2，即 Pa·s，表示流体黏性大小的系数。

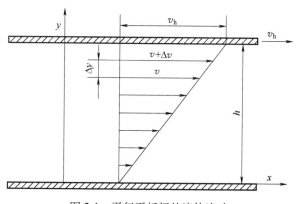

图 2-1　平行平板间的流体流动

式（2-5）称为牛顿摩擦定律。遵守牛顿摩擦定律的流体称为牛顿流体，否则称为非牛顿流体。

以 $\tau = F/A$ 表示切应力，则有

$$\tau = \mu \frac{dv}{dy} \tag{2-6}$$

黏性剪切力的产生是由于流体分子间的引力和流体层间的分子运动形成的动量交换。

在实际应用中，常将动力黏度 μ 与流体的密度 ρ 之比称为运动黏度，单位为 m^2/s，以 ν 表示：

$$\nu = \frac{\mu}{\rho} \tag{2-7}$$

当不考虑流体的黏性时，则称这种流体为理想流体。理想流体内不存在切应力，即无摩擦力。这是一种简化假想的模型，研究理想流体是比较简便的，所以在工程中往往将空气视为理想流体。当考虑流体的黏性时，则称这种流体为黏性流体或实际流体。

四、层流与湍流

流体的运动有层流和湍流两种状态。如果流体质点运动没有横向脉动，不引起流体质点的混杂，层次分明，能够维持安稳的流动状态，则这种流动称为层流。如果流体运动时，质点具有脉动速度，引起流层间质点的相互错杂交换，则这种流动称为湍流（又称紊流）。风一般属于湍流。层流和湍流传递动量、热量和质量的方式不同：层流的传递过程通过分子间相互作用，湍流的传递过程主要通过质点间的混掺。湍流的传递速率远大于层流传递速率。

试验表明，由于流速 v 的不同，层流和湍流可以相互转换。但由湍流转为层流时的平均流速 v 的数值要比层流转为湍流时小。流态转变时的速度称为临界流速，层流转为湍流时的流速称为上临界流速，反之称为下临界流速。

判断层流与湍流的准则是雷诺数，即

$$Re = \frac{\rho vl}{\mu} = \frac{vl}{\nu}$$

式中　v——气流速度；

　　　ν——流体运动黏度；

　　　l——特征长度，当讨论叶片力特性时，可用弦长；当讨论边界层特性时，可用距前缘距离。

层流与湍流转化的雷诺数称为临界雷诺数，用 Re_{cr} 表示。雷诺数在物理上的本质是表征了流体运动的惯性力与黏性力的比值。在研究湍流运动时，除个别情况外，常用时均流速代替非定常的真实流速，可以使问题得以简化。

通常用湍流强度作为描述湍流的一个整体指标，湍流强度 I_r 定义如下：

$$I_r = \frac{\sigma}{\bar{v}}$$

式中　σ——脉动风速的标准差；

　　　$\bar{v}$——平均风速（10min 平均值），单位为 m/s。

湍流强度 I_r 值在 0.10 或以下时表示湍流较小，到 0.25 时表明湍流过大，一般海上 I_r 在 0.08～0.10 之间，陆地上为 0.12～0.15。湍流过大会减少风力机的输出功率，引起系统振动和载荷不均匀，影响发电质量，最终可能使风力发电机组受到损坏。大型风力发电机组已经采取了一些措施减小湍流的影响。

五、伯努利方程

在不考虑流体的可压缩性、黏性，而且流体运动的速度不随时间变化的情况下（称为不可压理想流体定常流动），在同一流线（此时与微团运动的迹线一致）上，可以获得著名的理想流体伯努利（Bernoulli）方程：

$$h+\frac{p}{\rho g}+\frac{v^2}{2g}=C（常数）\tag{2-8}$$

式中　h——流体在流动过程中的高度；

　　　p——流体压力；

　　　ρ——流体的密度；

　　　g——重力加速度；

　　　v——流体的速度。

在式（2-8）中每一项都具有长度的量纲，即具有高度的意义。其中 h 表示所考虑的点对某一基准面的高度，称为位置能头。$p/(\rho g)$ 表示压强使流体柱在真空中上升的高度，称为压强能头。而 $v^2/(2g)$ 是为了达到速度 v 所必要的自由降落高度，称为速度能头。所以方程式（2-8）表示沿着流线，流体的位置能头、压强能头和速度能头之和是不变的，是单位重量流体沿着流线总的机械能守恒的数学表达式。

六、边界层

边界层又称为附面层，是指贴近固壁附近的一部分流动区域。在这部分区域中，流动速度由固壁处的零迅速发展到接近来流的速度。这部分区域的厚度很小，故速度急剧变化，沿壁面法线方向的速度梯度很大，流体的黏性效应也主要体现在这一区域中。在离壁面较远的地方，速度梯度很小，黏性力比惯性力小得多，黏性力可以略去不计，可看作是理想流体的流动。而在边界层和尾涡区内，必须考虑流体的黏性力。实际上，边界层的内、外区域并没有明显的分界面，一般将边界层的界限规定为在边界层的外边界上流速达到层外流速的99%。风平滑地绕流叶片形成的边界层如图2-2所示。

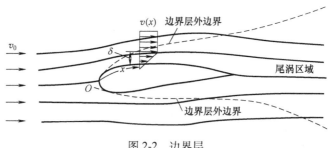

图 2-2　边界层

边界层内流体的流动也有层流和湍流两种流动状态。边界层内全都是层流的，称为层流边界层；边界层内全都是湍流的，称为湍流边界层。仅在边界层起始部分是层流，而在其他部分为湍流的，称为混合边界层。在层流与湍流之间还有一个过渡区：在湍流边界层内，紧靠壁面处总是存在着一层极薄的层流，称为层流底层。

当黏性流体绕流曲面物体时，边界层外边界上沿曲面方向的速度 v 是随物体厚度的变化而变化的，故曲面边界层内的压强也将发生相应的变化，这种速度和压强的改变对边界层内的流动也会产生影响。流体流经圆柱体的流动如图 2-3 所示。根据边界层外边界上势流流动情况，可将边界

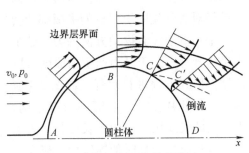

图 2-3 流体流经圆柱体的流动

层内的流动划分为 3 种情况：①流体绕过圆柱面前驻点 A 后，沿上表面的流速增加，直到柱面上的 B 点，在 B 点边界层外边界上的速度最大，而压强最低。边界层内的流体微团不但是全部沿流动方向向前运动，而且边界层内的速度分布曲线沿流动方向向外凸出。②B 点以后，进入升压减速过程。流体的部分动能不仅要转化为压力能，而且还要克服黏性力的阻滞影响，从而使微团的动能损耗更大，流速迅速降低，使边界层厚度不断增大。当流动到曲面某点 C 时，如果靠近物体壁面的微团的动能已经被耗尽，则这部分微团便停滞不前，以致越来越多的流体微团在物体壁面和主流之间堆积。③在 C 点之后，压强的继续升高将使这部分停滞的微团被迫产生反向的逆流，并迅速向外扩展。这样，主流被这股逆流排挤得离开了物体壁面。在 CC' 线上的流体微团的速度等于零，称为主流和逆流之间的间断面。由于间断面的不稳定性，很小的扰动就会引起间断面的波动，并破裂成漩涡，造成边界层的分离。C 点称为边界层的分离点。

七、阻力

当空气与物体存在相对运动时，运动一方会受到阻力，阻力方向与运动方向相反。在低于声速的情况下，阻力分为摩擦阻力和压差阻力。

摩擦阻力是由于空气的黏性作用，在物体表面产生的全部摩擦力的合力。压差阻力是由于边界层分离引起的。边界层分离后的流动很复杂，尾涡中含有紊乱的漩涡，消耗大量的动能，从而使作用在物体后部表面上的压强不能同前部压强相平衡，而是形成了相当大的压差作用在物体上。古老的风车就是利用压差阻力进行工作的。现在使用的风杯式测风仪也利用了压差阻力。

八、升力

位于气流中的非对称截面的叶片以及前缘对着气流向上斜放的平板都会受到一个垂直于气流运动方向的力，这个力称为升力。关于升力产生的原因可以应用伯努利方程进行解释，如图 2-4 所示。由于叶片上、下表面的长度不同，上表面的长度比下表面的长度长。为了保持空气流过叶片时的连续性，流经上

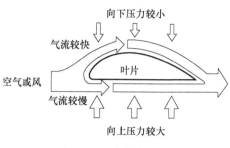

图 2-4 升力的产生

表面的空气流速就比流经下表面的流速快。根据伯努利方程，在不考虑重力影响时，上表面气流的压力就会低于下表面气流的压力。这样就在上、下表面之间产生压力差，这个压力差就是升力。现代的风力机多是利用升力进行工作的。实际上，只要特定形状的叶片与空气存在相对运动就会产生升力，这也是飞机的飞行原理。

九、风廓线

由于地面对风的摩擦力，风速随距地面高度有显著的变化。风廓线是表示风速随距地面高度变化的曲线，如图 2-5 所示。图中的横坐标以某高度处的平均风速 $\bar{v}$ 与风力机轮毂中心处平均风速 $\bar{v}_0$ 的比值给出，纵坐标以某高度 h 与风力机轮毂中心高度 h_0 的比值给出。z_0 为粗糙度，它是衡量地面的摩擦力大小的指标。不同地表的粗糙度见表 2-1。

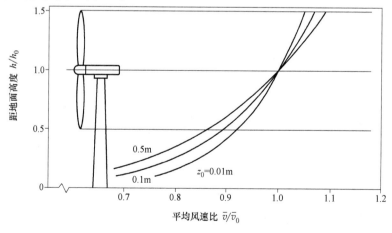

图 2-5 不同粗糙度长度的风廓线

表 2-1 不同地表的粗糙度 z_0 和 α 值

地 面 类 型	z_0/m	α
光滑(水面、沙、雪)	0.001~0.02	0.1~0.13
较粗糙(短草、农作物、乡村地区)	0.02~0.3	0.13~0.2
粗糙(树林、城市郊区)	0.3~2	0.2~0.27
非常粗糙(城市、高大建筑)	2~10	0.27~0.4

风廓线通常有两种描述方法，一种应用自然对数描述，如式（2-9）所示：

$$\frac{v_2}{v_1}=\frac{\ln(h_2-d)-\ln z_0}{\ln(h_1-d)-\ln z_0} \tag{2-9}$$

式中　v_1——h_1高度上的风速，单位为 m/s；

　　　v_2——h_2高度上的风速，单位为 m/s；

　　　d——地面廓线的影响系数。

当地面上障碍物比较离散和低矮时，d 选为零，否则 d 采用障碍物高度的 70%~80%。式（2-9）在 30~50m 的高度范围内对风廓线拟合得最好。

风廓线还可以应用指数公式描述

$$\frac{v_2}{v_1}=\left(\frac{h_2}{h_1}\right)^{\alpha} \tag{2-10}$$

式中　α——风切变指数。

式（2-10）适用于 d 等于零的场合，但适用的高度范围大于式（2-9）。

α 值大表示风速随高度增加得快；α 值小表示风速随高度增加得慢。

α 值的变化与地面粗糙度有关，见表 2-1。α 与 z_0 的关系为

$$\alpha=0.04\ln z_0+0.003(\ln z_0)^2+0.24$$

风速随距地面高度变化的特性可能造成风力机叶片的振动。

第二节　叶片与轮毂

叶片是风轮上的执行元件，用于捕获风能。

图 2-6 所示为运输中的叶片。由于风力机额定功率越来越大，叶片也越来越

图 2-6 运输中的叶片

长，给生产和运输造成了困难。因此，有的风力
机采用分段式叶片，不仅降低了生产的难度，也
解决了运输问题。图 2-7 所示为分段式叶片吊装。

一、叶片的外部特征

图 2-8 所示为大型水平轴升力型风力机螺旋
桨式叶片。其外部结构特征主要有：

1）叶尖：叶片距离风轮回转轴线的最远点；

2）叶根：叶片与轮毂连接点；

3）叶片长度：叶尖与叶根之间的距离；

4）叶片投影面积：叶片在风轮扫掠面上投影
的面积。

图 2-7　分段式叶片吊装

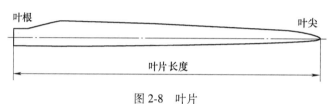

图 2-8　叶片

二、翼型

翼型也称为叶片剖面，它是指用垂直于叶片长度方向的平面去截叶片而得
到的截面形状。

1. 翼型几何定义

翼型沿叶片的分布和几何特征如图 2-9 所示。

（1）中弧线

翼型表面内切圆圆心光滑连接起来的曲线（图 2-9b 中的虚线）。

（2）前缘

翼型中弧线的最前点（图 2-9b 中的 A 点），翼型前缘内切圆半径称为前缘
半径。

（3）后缘

翼型中弧线的最后点（图 2-9b 中的 B 点），翼型后缘上下翼面切线的夹角
称为后缘角。

（4）几何弦

连接前缘与后缘的直线，其长度为几何弦长（简称弦长），通常用 c 表示，

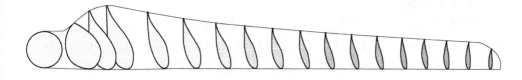

a)

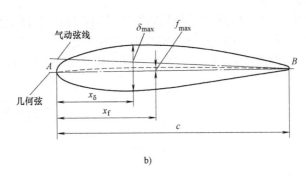

b)

图 2-9　叶片翼型

a）翼型沿叶片的分布　b）翼型几何定义

叶片根部翼型弦长称根弦，叶片尖部翼型弦长称尖弦。

（5）扭角

根弦与尖弦夹角的绝对值，如图 2-10 所示。

（6）平均几何弦长

叶片投影面积与叶片长度的比值。

（7）气动弦线

通过翼型后缘的直线，如果相对气流方向与其平行则升力为零。

（8）厚度

几何弦上各点垂直于几何弦的直线

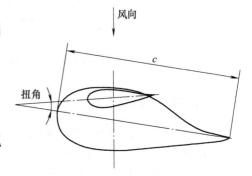

图 2-10　叶片扭角

被翼型周线所截取的长度，用 δ 表示，最大厚度就是厚度最大值 δ_{max}，通常以它作为翼型厚度的代表，最大厚度点离前缘的距离用 x_δ 表示，通常采用其相对值 $\bar{x}_\delta = x_\delta / c$。

（9）相对厚度

厚度的最大值与几何弦长的比值（$\bar{\delta} = \delta_{max} / c$）。

（10）弯度

中弧线到几何弦的距离，显然，它也有一个最大值 f_{max}。

2. 翼型举例

传统的风轮叶片多沿用航空翼型（如 NACA 翼型），随着风电技术的发展和广泛应用，国外一些研究机构从 20 世纪 80 年代中期开始研究风力机专用的新翼型，并发展了一些翼型系列。其中有代表性的包括：美国的 NREL-S 翼型系列、丹麦的 RISϕ 翼型系列、荷兰的 DU 翼型系列、德国的 AE 翼型系列及瑞典的 FFA-W 翼型系列等。

20 世纪 90 年代，Delft 大学先后研发出了相对厚度从 15% 到 40% 的 DU 翼型族，该系列包含约 15 种翼型。DU 翼型族使用广泛，风轮直径从 29~100m，功率从 350kW~3.5MW 的风力机上均有使用。部分 DU 系列的几何外形如图 2-11 所示。

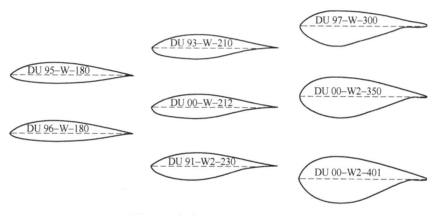

图 2-11 部分 DU 系列的几何外形

三、叶片常用材料

叶片常用材料大致有以下几种：

1）木材：采用木材制作的叶片，不易制造成扭曲。此类叶片多由几层木板粘压而成。采用木制叶片需要用强度好的整体木方作为叶片纵梁，承担叶片在工作时的载荷。叶片肋梁木板与纵梁木板用胶和螺钉可靠地连接，其余叶片空间用轻木或泡沫塑料填充，用玻璃纤维覆面，外涂环氧树脂。

2）钢材：一些叶片采用钢管或 D 型钢做纵梁、钢板做肋梁，内部填充泡沫塑料，外覆玻璃纤维复合塑料蒙皮的结构形式。叶片纵梁的钢管及 D 型钢从叶根至叶尖的截面应逐渐变小，以满足扭曲叶片的要求，并减轻叶片重量。

3）铝合金：铝合金用于等弦长挤压成形的叶片。易于制造，可连续生产，将其截成需要的长度，又可按设计要求进行扭曲加工。铝合金叶片重量较轻且易于加工，但难以制作从叶根至叶尖渐缩形式的叶片。

4）玻璃纤维复合塑料：玻璃纤维复合塑料（GFRP），是以环氧树脂、不饱和树脂等塑料为基体,掺入玻璃纤维而做成的增强材料。玻璃纤维复合塑料具有强度高、重量轻、耐老化、可加工性较好等特性,在目前的风轮叶片制造中得到广泛应用。玻璃纤维复合塑料可用于制造叶片的表面和内部结构,叶片的填充部分多为泡沫塑料。玻璃纤维复合塑料的表面还可以通过上浆和涂覆改进质量。

5）碳纤维复合塑料：随着叶片长度的不断增加,叶片刚度成为重要的设计指标。研究表明,碳纤维复合塑料（CFRP）叶片刚度是玻璃纤维复合塑料叶片的2~3倍。目前,由于碳纤维复合塑料的价格因素影响了其在风轮叶片方面的应用,但随着国内外有关研究的进展,碳纤维复合塑料在大型叶片制造方面有很好的应用前景。

目前,一些新型玻璃纤维增强复合塑料因其重量轻、比强度高、可设计性强、性价比高等方面的因素,已成为大型风轮叶片的主流材料。在大型风轮叶片设计中,木材主要用于叶片内部的夹心结构,而钢材主要用于叶片结构的连接件,很少用于叶片的主体结构。

四、叶片断面结构

大型叶片一般由蒙皮与主梁组成。蒙皮的主要功能是提供叶片的气动外形,同时承担部分弯曲荷载与大部分剪切荷载。主梁承载叶片的大部分弯曲荷载,故为主要承力结构。风力发电机组风轮叶片的结构主要有以下几种形式。

1）叶片主体采用硬质泡沫塑料夹芯结构,玻璃纤维复合塑料的主梁作为叶片的主要承载部件,主梁常用 D 型、O 型、矩形和 C 型等形式,玻璃纤维复合塑料蒙皮较薄,仅 2~3mm,主要保持翼型和承受叶片的扭转载荷；这种形式的叶片以丹麦 Vestas 公司和荷兰 CTC 公司为代表,如图 2-12 所示。其特点是重量轻,对叶片运输要求较高。D 型、O 型和矩形梁在缠绕机上缠绕成型；在模具中成型上、下两个半壳,再用结构胶将梁和两个半壳粘接起来。另一种方法是先在模具中成型 C（或 I）型梁,然后在模具中成型上、下两个半壳,利用结构胶

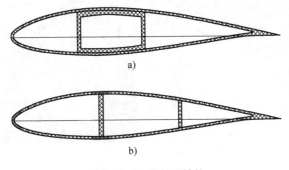

a)

b)

图 2-12　叶片断面结构
a) Vestas 公司　b) CTC 公司

将C（或I）型梁和两半壳粘接起来。

2）叶片蒙皮以玻璃纤维复合塑料层板为主，厚度在10~20mm之间；为了减轻叶片后缘重量，提高叶片整体刚度，在叶片上下蒙皮后缘局部采用硬质泡沫夹芯结构，叶片上下蒙皮是其主要承载结构。主梁设计相对较弱，为硬质泡沫夹芯结构，与蒙皮粘接后形成盒式结构，共同提供叶片的强度和刚度。这种结构型式叶片以丹麦LM公司为主，如图2-13所示。其优点是叶片整体强度和刚度较高，在运输、使用中安全性好。但这种叶片比较重，比同型号的轻型叶片重20%~30%，制造成本也相对较高。C型梁用玻璃纤维夹芯结构，使其承受拉力和弯曲力矩达到最佳。叶片上、下蒙皮主要以单向增强材料为主，并适当铺设±45°层来承受扭矩，再用结构胶将叶片蒙皮和主梁牢固地粘接在一起。

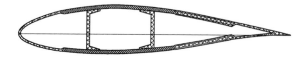

图2-13　LM公司叶片断面结构

五、轮毂

轮毂是将叶片和叶片组固定到转轴上的装置，它将风轮的力和力矩传递到主传动机构中去。轮毂有铰链式和固定式两种，铰链式轮毂允许叶片沿不同方向做小幅度摆动，以改善受力状态，常用于单叶片和双叶片风轮；采用固定式轮毂，叶片没有摆动功能，但制造成本低、维护少、没有磨损，三叶片风轮常采用固定式轮毂。

用于三叶片风轮的固定式轮毂有球形和三圆柱形两种结构，如图2-14所示。这类轮毂多采用铸造成型，铸造材料是铸钢或球墨铸铁。

a)　　　　　　　　　　　　b)

图2-14　固定式轮毂

a）球形轮毂　b）三圆柱形轮毂

图 2-15a 所示为轮毂实物照片，图 2-15b 所示为轮毂与罩体的组合件。

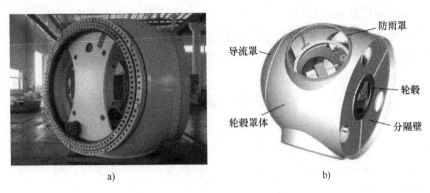

图 2-15 轮毂照片及组合件

a）实物照片 b）轮毂与罩体的组合件

六、叶片与轮毂的连接

定桨距叶片的叶根与轮毂直接连接，叶片所承受的载荷通过叶根向轮毂传递。叶根与轮毂连接结构主要有以下几种形式：

1）法兰式：如图 2-16a 所示，这种叶根连接形式是借助两个带法兰的筒状结构，采用金属材料制造，通过螺栓连接叶根和轮毂。

2）螺纹件预埋式：如图 2-16b 所示，在叶根部位预埋金属螺纹连接构件，构件与轮毂连接的端面设有连接螺纹孔。

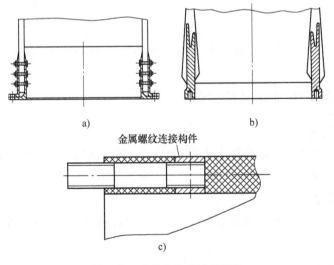

图 2-16 叶根与轮毂连结结构

a）法兰式 b）螺纹件预埋式 c）钻孔组装式

3）钻孔组装式：如图 2-16c 所示，此种形式是在叶片成型后，沿叶根部位钻孔，将金属螺纹连接构件和双头螺柱装入，实现与轮毂的连接。

变桨距风力发电机组叶片与轮毂的连接是通过变距轴承实现的，采用不同的驱动方式，变距轴承也不相同，后文将集中介绍。

第三节　风　　轮

轮毂及罩体的组合件与叶片相连接就组成了风轮（见图 2-17），变桨距执行机构有放置在轮毂内部或外部两种形式。导流罩呈流线型结构，有利于减小风对机舱的作用力。

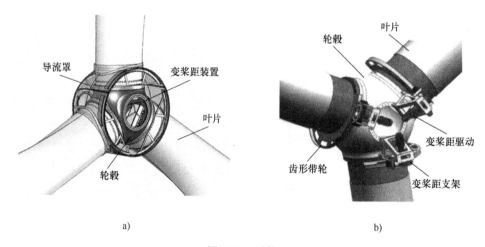

a)　　　　　　　　　　　　　　　　　　b)

图 2-17　风轮

a）变桨距执行机构在轮毂内部　b）变桨距执行机构在轮毂外部

一、风轮的几何定义和参数

1. 几何定义

一个或多个叶片固定在轮毂上就构成了风轮。这里首先给出它的一些几何定义与相关参数。

（1）风轮直径

叶尖旋转圆的直径，如图 2-18a 所示，风轮直径的大小与风力机的功率直接相关。

（2）轮毂高度

轮毂高度指风轮旋转中心到基础平面的垂直距离，如图 2-18a 所示。

（3）风轮扫掠面积

风轮旋转时的回转面积。

（4）风轮实度

风轮叶片投影面积的总和与风轮扫掠面积的比值。

（5）风轮偏角

风轮轴线与气流方向的夹角在水平面的投影角。

（6）风轮锥角

叶片轴线与旋转轴垂直平面的夹角。对于上风式风力机，锥角的作用是在风轮运行状态下防止叶尖与塔架碰撞，如图 2-18b 所示；对于下风式风力机，可以减少叶根的弯曲应力。

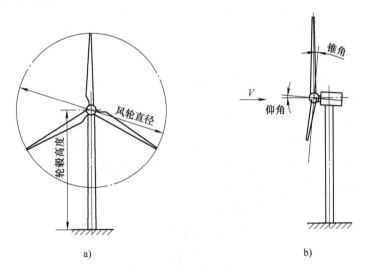

a) b)

图 2-18 风轮几何定义

a）直径和轮毂高度 b）锥角和仰角

（7）风轮仰角

风轮旋转轴与水平面的夹角，如图 2-18b 所示。仰角的作用是防止叶尖与塔架碰撞。

（8）挥向

风力机叶片偏离风轮旋转平面方向的振动称为挥舞，挥舞的方向称为挥向。

（9）摆向

风力机叶片在风轮旋转平面方向内的振动称为摆振，摆振的方向称为摆向。

（10）桨距和桨距角

桨距是在半径 r 处几何螺旋线的螺距，该螺旋线与风轮同轴并和半径 r 处的翼型几何弦相切，如图 2-19 所示。翼型几何弦与风轮扫掠平面的夹角称为桨距角，用 β 表示。从图 2-19 可见，桨距

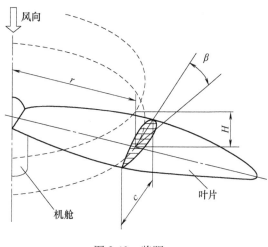

$$H = 2\pi r\tan\beta$$

显然，当叶片存在扭角时，在叶片的不同位置上桨距角并不相同。通常将叶尖或某一特定位置的桨距角作为代表，称为叶片桨距角（或称安装角）。通常，叶片桨距角在 0°附近时，叶片所受的驱动力最大；而叶片桨距角

图 2-19 桨距

在 90°附近时，叶片所受的阻力最大，风轮将处于制动、空转或停止状态。改变叶片的桨距角称为变桨距（或简称变距）。

2. 物理参数

（1）风轮转速

风轮在风的作用下绕其轴旋转的速度，通常用角速度 $\Omega(\mathrm{rad/s})$ 表示；在输出额定功率时，风轮的转速称为额定转速；风力机处于正常状态下（空载或负载），风轮允许的最大转速称为最高转速。

（2）叶尖速度比（简称尖速比）

风轮叶片叶尖线速度与风轮上游未受扰动的气流速度之比，用 λ 表示：

$$\lambda = \frac{\Omega R}{v_\infty} \qquad (2\text{-}11)$$

式中　Ω——风轮转动角速度，单位为 rad/s；

　　　R——风轮半径，单位为 m；

　　　v_∞——风轮上游未受扰动的气流速度，单位为 m/s。

（3）周速比（又称当地速度比）

与风轮轴距离 r 处的线速度与风轮上游未受扰动的气流速度之比，用 λ_r 表示：

$$\lambda_r = \frac{\Omega r}{v_\infty} \qquad (2\text{-}12)$$

（4）风能利用系数

风轮的输出功率与其扫掠面积对应的自由流束所具有的风功率之比，用 C_p 表示：

$$C_P = \frac{P}{\frac{1}{2}\rho v_\infty^3 A_d} \tag{2-13}$$

式中　P——风轮的输出功率，单位为 W；

　　　ρ——空气密度，单位为 kg/m³；

　　　A_d——风轮的扫掠面积，单位为 m²。

（5）推力系数

用 C_F 表示：

$$C_F = \frac{F}{\frac{1}{2}\rho A_d v_\infty^2} \tag{2-14}$$

式中　F——风轮所受的总轴向推力，单位为 N。

（6）转矩系数

用 C_M 表示：

$$C_M = \frac{M}{\frac{1}{2}\rho A_d R v_\infty^2} \tag{2-15}$$

式中　M——风轮轴上的总转矩，单位为 N·m。

风能利用系数、推力系数和转矩系数是风力机的基本性能参数，它们是风轮实度、偏角和叶片桨距角的函数。

（7）特征风速

与风轮运行相关的风速分别是：

1）切入风速：风力机对额定负载开始有功率输出时，轮毂高度处的最小风速；

2）切出风速：由于控制器的作用使风力机对额定负载停止功率输出时，轮毂高度处的风速；

3）工作风速范围：风力机对额定负载有功率输出的风速范围；

4）额定风速：使风力机达到额定输出功率的最低风速；

5）停车风速：控制系统使风力机风轮停止转动的最小风速。

二、贝茨极限

为了使问题得到简化，首先讨论一种理想风轮模型。可以把风轮看作一个平面桨盘，没有轮毂，而叶片数为无穷多，这个平面桨盘被称为致动盘；致动盘旋转时没有摩擦阻力，是一个不产生损耗的能量转换器；气流与致动盘相互作用后可以自由通过；致动盘前、致动盘扫掠面、致动盘后气流都是均匀的定常流，气流流动模型可简化成如图 2-20 所示的流管；致动盘前未受扰动的气流静压和致动盘后远方的气流静压相等；作用在致动盘上的推力是均匀的。

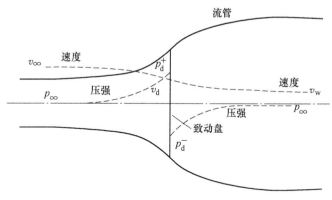

图 2-20　流经致动盘的流管

致动盘前部的远方来流通过致动盘时，受致动盘阻挡被向外挤压，绕过致动盘的空气能量未被利用。只有通过致动盘截面的气流释放了所携带的部分动能。致动盘上游流管的横截面积比致动盘面积小，而下游的则比致动盘面积大。流管膨胀是因为要保证每处的质量流量相等。从致动盘的前方到后方气流运动速度越来越小，而压强在致动盘处产生一个突变，致动盘前压强 (p_d^+) 高于大气压；致动盘后压强 (p_d^-) 低于大气压。在致动盘前后的远方气流的压强等于大气压。

由于风速远小于当地空气的声速，即运动气流的马赫数 $Ma \ll 1$，空气的压缩性可被忽略。

单位时间内通过特定截面的空气质量是 $\rho A v$，其中 ρ 为空气密度（kg/m³），A 为横截面积（m²），v 为流体速度（m/s）。沿流束方向的质量流量处处相等，可得

$$\rho A_\infty v_\infty = \rho A_d v_d = \rho A_w v_w \tag{2-16}$$

其中下角符号 ∞ 代表上游无穷远处的参数；d 代表致动盘处的参数；w 代表在尾流远端的参数。

致动盘导致气流速度发生变化，速度变化量将叠加到自由流速率上。该诱导气流在气流方向的分量为 $-av_\infty$，其中 a 为轴向气流诱导因子。所以在致动盘上，气流方向的净速度为

$$v_d = v_\infty (1-a) \tag{2-17}$$

由此，在致动盘面处，轴流诱导因子

$$a = \frac{v_\infty - v_d}{v_\infty} \tag{2-18}$$

气流在经过致动盘时速度发生变化，总变化量为 ($v_\infty - v_w$)，气流所受的作

用力等于动量变化率，动量变化率等于速度的变化乘以质量流量，即

$$F' = (v_\infty - v_w)\rho A_d v_d \tag{2-19}$$

式中 F'——气流所受的作用力，单位为 N。

引起动量变化的力完全来自于致动盘前后静压力的改变，所以有

$$(p_d^+ - p_d^-)A_d = (v_\infty - v_w)\rho A_d v_\infty (1-a) \tag{2-20}$$

式中 p_d^+——致动盘前气流静压，单位为 Pa；

p_d^-——致动盘后气流静压，单位为 Pa。

对流束的上风向和下风向分别使用伯努利方程，可以求得压力差 $(p_d^+ - p_d^-)$。对上风向气流有

$$\frac{1}{2}\rho v_\infty^2 + p_\infty + \rho g h_\infty = \frac{1}{2}\rho v_d^2 + p_d^+ + \rho g h_d \tag{2-21}$$

式中 h——高度，单位为 m。

在水平方向 $h_\infty = h_d$，那么有

$$\frac{1}{2}\rho v_\infty^2 + p_\infty = \frac{1}{2}\rho v_d^2 + p_d^+ \tag{2-22}$$

同样下风向气流有

$$\frac{1}{2}\rho v_w^2 + p_\infty = \frac{1}{2}\rho v_d^2 + p_d^- \tag{2-23}$$

式 （2-22） 和式 （2-23） 相减得到

$$(p_d^+ - p_d^-) = \frac{1}{2}\rho(v_\infty^2 - v_w^2) \tag{2-24}$$

把式 （2-24） 代入式 （2-20） 得到

$$\frac{1}{2}\rho(v_\infty^2 - v_w^2)A_d = (v_\infty - v_w)\rho A_d v_\infty(1-a) \tag{2-25}$$

因此

$$v_w = (1-2a)v_\infty \tag{2-26}$$

致动盘作用在气流上的力，可由方程 （2-26） 代入方程 （2-19） 导出

$$F' = (p_d^+ - p_d^-)A_d = 2\rho A_d v_\infty^2 a(1-a) \tag{2-27}$$

这个力在数值上等于气流对制动盘的反作用力 F （即 $F = F'$），因此气体输出功率

$$P = F' v_d = 2\rho A_d v_\infty^3 a(1-a)^2 \tag{2-28}$$

风能利用系数

$$C_P = \frac{P}{\frac{1}{2}\rho v_\infty^3 A_d} = 4a(1-a)^2 \tag{2-29}$$

可以求出，当 $a = \dfrac{1}{3}$ 时，C_{P} 的值最大。将 $a = \dfrac{1}{3}$ 代入方程（2-24）得

$$C_{\mathrm{Pmax}} = \frac{16}{27} \approx 0.593 \qquad (2\text{-}30)$$

这个值称为贝茨极限。它是水平轴风力机的风能利用系数的最大值。

由压力降产生的作用于致动盘的力可以由式（2-27）求得。无量纲的推力系数

$$C_{\mathrm{F}} = \frac{F}{\dfrac{1}{2}\rho v_{\infty}^2 A_{\mathrm{d}}} = 4a(1-a) \qquad (2\text{-}31)$$

尾流速度为 $(1-2a)v_{\infty}$，当 $a \geqslant 1/2$ 时，将出现尾流速度变成零，甚至变成负数的问题。在这种情况下，上述模型将不再适用。

风能利用系数和推力系数随 a 的变化曲线如图 2-21 所示。

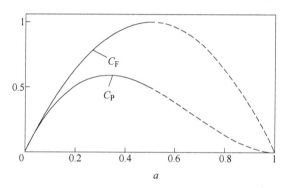

图 2-21　风能利用系数和推力系数随 a 的变化曲线

第四节　风轮的空气动力特性

一、作用在叶素上的力

在风轮叶片上，取半径为 r、长度为 $\mathrm{d}r$ 的微元，称为叶素，如图 2-22 所示。在风轮旋转过程中，叶素将扫掠出一个圆环。

当叶素与大气存在相对运动时，气流在叶素产生了升力 $\mathrm{d}L$ 和阻力 $\mathrm{d}D$，阻力与相对速度方向平行，升力与相对速度方向垂直。此外，合力 $\mathrm{d}R$ 对于叶素翼型前缘 A 将有一个力矩 $\mathrm{d}M$，称其为气动俯仰力矩。相对气流方向与叶素翼型几何弦的夹角称为攻角，用 α 表示，如图 2-23 所示。

叶素上的升力为

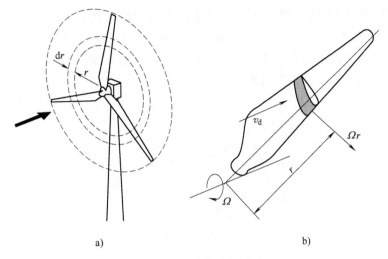

图 2-22 叶素扫出的圆环

a) 风轮圆环　b) 叶素

$$dL = \frac{1}{2}\rho w^2 c C_1 dr \qquad (2\text{-}32)$$

式中　ρ——空气的密度，单位为 kg/m^3；

　　　w——相对速度，单位为 m/s；

　　　c——几何弦长，单位为 m；

　　　C_1——升力特征系数；

　　　dr——叶素的长度，单位为 m。

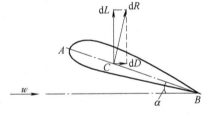

图 2-23　作用于叶素上的空气动力

叶素上的阻力为

$$dD = \frac{1}{2}\rho w^2 c C_d dr \qquad (2\text{-}33)$$

式中　C_d——阻力特征系数。

气动俯仰力矩为

$$dM = \frac{1}{2}\rho w^2 c^2 C_m dr \qquad (2\text{-}34)$$

式中　C_m——气动俯仰力矩系数。

对于某一特定攻角，叶素翼型上总对应地有一特殊点 C，如图 2-23 所示，空气动力 dR 对这个点的力矩为零，将该点称为压力中心点。空气动力在叶素上产生的力可由单独作用于该点的升力和阻力来表示。

升力特征系数 C_1、阻力特征系数 C_d 都与叶素翼型的形状以及攻角 α 有关。C_1、C_d 与 α 的关系曲线如图 2-24 所示。在实用范围内，升力特征系数 C_1 基本上成一直线，但在较大攻角时，略向下弯曲。当攻角增大到 α_{cr} 时，C_l 达到其最大值 C_{lmax}，其后则突然下降，这一现象称为失速。它与叶素翼型上的表面气流在前缘附近发生分离的现象有关，如图 2-25 所示，攻角 α_{cr} 称为临界攻角。失速发生时，风力机的输出功率显著减小。

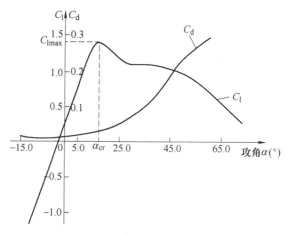

图 2-24 C_l、C_d 与 α 的关系

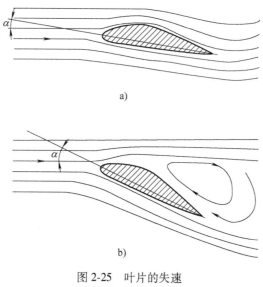

图 2-25 叶片的失速

a）小攻角 b）大攻角（失速）

对一般的叶素而言，临界攻角 α_{cr} 在 10°~20°范围内。这时的最大升力系数 C_{lmax} 为 1.2~1.5。

阻力特征系数 C_d 与 α 关系曲线的形状有些与抛物线相近，一般在某一不大的负攻角时，有最小值 C_{dmin}。此后随着攻角的增加，阻力增加得很快，在到达临界攻角以后，增长率更为显著。

C_l 与 C_d 的关系也可做成极曲线，如图 2-26 所示，以 C_d 为横坐标，C_l 为纵坐标，对应于每一个攻角 α，有一对 C_d、C_l 值，可以确定曲线上的一点，并在其旁标注出相应的攻角，连接所有各点即成为极曲线。该曲线包括了图 2-24 中两条曲线的全部内容。因升力与阻力本是作用于叶素上的合力在与速度 w 垂直和平行方向上的两个分量，所以从原点 0 到曲线上任一点

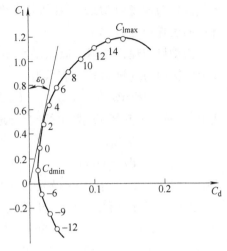

图 2-26 C_l 与 C_d 的关系

的矢径，就表示了在该对应攻角下的总气动力系数的大小和方向。该矢径弦的斜率，就是在这一攻角下的升力与阻力之比，简称升阻比，用 E 表示，即 $E = C_l/C_d$。过坐标原点做极曲线的切线，就得到叶片的最大升阻比 $E_{max} = \cot\varepsilon_0$。显然，这是风力机叶片最佳的运行状态。

二、旋转尾流

气流通过叶素时，叶素所受转矩与其作用在空气上的转矩大小相等、方向相反。反转矩作用的结果会导致空气逆着风轮转向旋转，从而获得角动量，这样会使流经风轮的空气微粒在旋转面的切线方向和轴向上都具有速度分量，如图 2-27 所示。

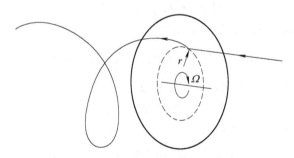

图 2-27 空气微粒经过风轮的运动轨迹

进入风轮的气流无任何转动，而离开风轮的气流是旋转的。转动传递发生在整个风轮的厚度处，如图 2-28 所示。切向速度的变化用切向气流诱导因子 a' 表示。风轮上游气流的切向速度为零。设风轮下游在距旋转轴径向距离为 r 的地

方气流切向速度为 $2\Omega ra'$。在风轮厚度中部切向诱导速度为 $\Omega ra'$。

由动量定理，作用于风轮平面 dr 微元上的轴向力（推力）可表示为

$$dF = d\dot{m}(v_\infty - v_w) \qquad (2-35)$$

式中　$d\dot{m}$——流经 dr 微元的空气质量流量。

$$d\dot{m} = \rho v_d dA_d \qquad (2-36)$$

式中　dA_d——风轮平面 dr 微元的面积。

假设式(2-17)和式(2-26)仍然成立，则将其带入式(2-35)和式（2-36），考虑到 dr 微元的面积 $dA_d = 2\pi r dr$，可得

$$dF = 4\pi\rho v_\infty^2 a(1-a)r dr \qquad (2-37)$$

忽略轮毂和叶尖等因素的影响，作用于整个风轮上的轴向力（推力）可表示为

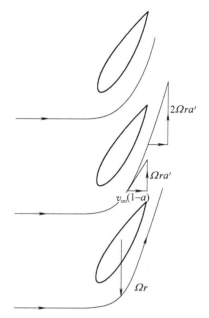

图 2-28　气流切向速度在通过风轮的变化

$$F = \int dF = 4\pi\rho v_\infty^2 \int_0^R a(1-a)r dr \qquad (2-38)$$

式中　R——风轮半径。

作用在风轮平面 dr 叶素上的转矩与叶素反作用于空气的转矩大小相等，而作用于空气的转矩等于通过此环形区的空气的角动量的变化率，即

$$dM = 2\Omega ra' r d\dot{m} \qquad (2-39)$$

可得出作用在叶素上的转矩为

$$dM = 4\pi\rho\Omega v_\infty(1-a)a' r^3 dr \qquad (2-40)$$

作用于整个风轮上的转矩可表示为

$$M = \int dM = 4\pi\rho\Omega v_\infty \int_0^R (1-a)a' r^3 dr \qquad (2-41)$$

风轮平面 dr 叶素上输出的功率增量为

$$dP = \Omega dM \qquad (2-42)$$

整个风轮上输出的功率可表示为

$$P = \int dP = 4\pi\rho\Omega^2 v_\infty \int_0^R (1-a)a' r^3 dr \qquad (2-43)$$

又可表示为

$$P = \frac{1}{2}\rho A_d v_\infty^3 \frac{8\lambda^2}{R^4} \int_0^R (1-a)a' r^3 dr \qquad (2-44)$$

式中　A_d——风轮面积，且有 $A_d = \pi R^2$；

λ——叶尖速度比，且有 $\lambda = \Omega R / v_{\infty}$。

这时，风轮风能利用系数可表示为

$$C_{\mathrm{P}} = \frac{8\lambda^2}{R^4} \int_0^R (1 - a) a' r^3 \mathrm{d}r \tag{2-45}$$

当考虑到风轮后尾流旋转时，风轮的风能利用系数要减小。但是，当风轮的尖速度比 $\lambda > 5$ 时，这种影响很小。

三、叶素-动量定理

对于一个叶片数为 N、叶片半径为 R、弦长为 c、叶素桨距角为 β 的风力机，弦长和桨距角都沿着叶片轴线变化。令叶片的旋转角速度为 Ω，风速为 v_{∞}。叶素的切向速度 Ωr 与风轮厚度中部气流的切向速度 $a' \Omega r$ 之和为二者相对切向流速度，其值为 $(1+a')\Omega r$。图 2-29 所示为在半径为 r 处叶素上的速度和作用力。

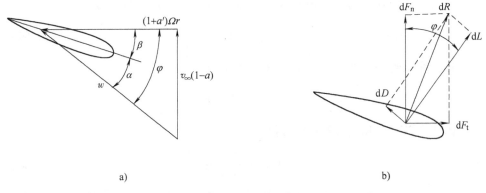

a)   b)

图 2-29 叶素上的速度和作用力

a）速度 b）作用力

从图 2-29 中得到的叶片上的气流相对速度

$$w = \sqrt{v_{\infty}^2 (1-a)^2 + \Omega^2 r^2 (1+a')^2} \tag{2-46}$$

气流相对速度与旋转面之间的夹角（称为气流倾角）是 φ，则

$$\sin\varphi = \frac{v_{\infty}(1-a)}{w}, \tag{2-47}$$

$$\cos\varphi = \frac{\Omega r (1+a')}{w} \tag{2-48}$$

攻角 α 由式（2-49）给出

$$\alpha = \varphi - \beta \tag{2-49}$$

假定作用于叶素上的力仅与通过叶素扫过圆环的气体的动量变化有关。而通过邻近圆环的气流之间不发生径向相互作用。

气流相对速度 w 引起的作用在长度为 dr 叶素上的空气动力 dR 可以分解为法向力 dF_n 和切向力 dF_t，dF_n 可以表示为

$$dF_n = \frac{1}{2}\rho w^2 c C_n dr \qquad (2\text{-}50)$$

式中　C_n——法向力系数，且有

$$C_n = C_l \cos\varphi + C_d \sin\varphi \qquad (2\text{-}51)$$

dF_t 可以表示为

$$dF_t = \frac{1}{2}\rho w^2 c C_t dr \qquad (2\text{-}52)$$

式中　C_t——切向力系数，且有

$$C_t = C_l \sin\varphi - C_d \cos\varphi \qquad (2\text{-}53)$$

这时，作用在风轮平面 dr 叶素上的轴向力（推力）可表示为

$$dF = \frac{1}{2}\rho w^2 N c C_n dr \qquad (2\text{-}54)$$

作用在风轮平面 dr 叶素上的转矩可表示为

$$dM = \frac{1}{2}\rho w^2 N c C_t r dr \qquad (2\text{-}55)$$

由式（2-37）和式（2-54）可得

$$a(1-a) = \frac{\sigma_r}{4}\frac{w^2}{v_\infty^2}C_n \qquad (2\text{-}56)$$

式中　σ_r——弦长实度。定义为给定半径下的总叶片弦长除以该半径的周长。即

$$\sigma_r = \frac{Nc}{2\pi r} \qquad (2\text{-}57)$$

由式（2-47）和式（2-56）可得

$$\frac{a}{1-a} = \frac{\sigma_r C_n}{4\sin^2\varphi} \qquad (2\text{-}58)$$

同样，由式（2-40）、式（2-55）和式（2-57）可得

$$a'(1-a) = \frac{\sigma_r w^2}{4 v_\infty \Omega r}C_t \qquad (2\text{-}59)$$

由式（2-48）和式（2-59）可得

$$\frac{a'}{1+a'} = \frac{\sigma_r C_t}{4\sin\varphi\cos\varphi} \qquad (2\text{-}60)$$

由式（2-58）和式（2-60）组成方程组，利用迭代法可以求得气流诱导因子 a 和 a'。

求得 a 和 a' 以后，进而可以应用式（2-40）和式（2-41）求出作用于整个风轮上的转矩，应用式（2-44）可以求出整个风轮上输出的功率，应用式（2-45）可以求出整个风轮风能利用系数。

叶素-动量定理定量地表达了在定常正向来风的条件下风轮的稳态运动特性，同时也说明了风力机的工作原理。

第五节　风力机的运行及控制

风轮的空气动力特性决定了风力机的运行规律，也决定了风力机的控制方式。

一、风力机的调节特性

风力机输出的转矩和功率均与风轮转速有关，也与风速有关。

（1）转矩-转速特性

风力机在不同风速下的转矩-转速特性如图 2-30a 所示。大型风力机的风轮均为高速风轮。

（2）功率-转速特性

风力机在不同风速下的功率-转速特性如图 2-30b 所示。

由图 2-30 可见，当风速不变时，调节风轮转速可以使其运行在最佳状态，当风速变化时，欲使风力机运行在最佳状态，需要进一步调节风轮转速。

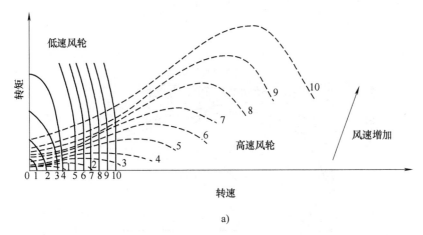

a)

图 2-30　风力机的调节特性

a）转矩-转速特性

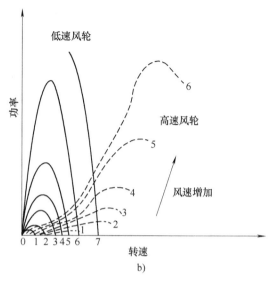

图 2-30 风力机的调节特性（续）

b）功率-转速特性

二、风力机的实际风能利用系数

图 2-31 所示为风力机的风能利用系数与叶尖速比的关系曲线。由图 2-31 可见，对于实际风力机除了不能全部利用来流的能量之外，还应考虑尾流旋转、

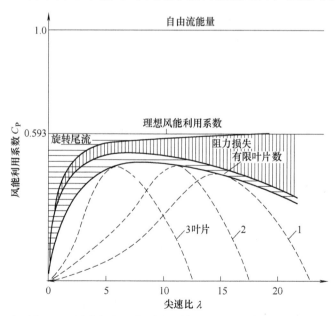

图 2-31 风力机的风能利用系数与叶尖速比的关系曲线

翼型阻力损失和有限叶片数引起的损失等。另外，在叶片数不同时，风能利用系数也有各自的变化规律。

三、叶片数的影响

对于大型风力发电机组来说，从单叶片到三叶片的风力机都有，如图 2-32 所示。但三叶片的居多。

图 2-32 不同叶片数的风力机

a) 单叶片 b) 双叶片 c) 三叶片

不同用途的风力机，叶片数也有所不同。为了达到相对较好的风能利用系数，叶片数必须与尖速比相对应，表 2-2 所示为风力机叶片数与尖速比的匹配关系。也就是说，在风速相同时，叶片数少的风力机转速应该快一些。

表 2-2　风力机叶片数与尖速比的匹配关系

尖速比 λ	叶片数 N	尖速比 λ	叶片数 N
1	32~8	4	5~3
2	12~4	5~8	4~2
3	8~3	8~15	2~1

叶片数多的风力机在低尖速比运行时有较高的风能利用系数，既有较大的转矩，而且起动风速低，因此适用于风力提水。而叶片数少的风力机则在高尖速比运行时有较高的风能利用系数，输出转矩小，但转速高，适用于风力发电。

风轮叶片数对风力机载荷有很大影响。三叶片使风力机系统运行平稳，基本上消除了系统的周期载荷，输出稳定的转矩，轮毂可以简单一些。双叶片风轮的动态载荷比三叶片风轮的动态载荷大得多。另外，实际运行时，双叶片风轮的旋转速度要大于三叶片风轮。因此，在相同风轮直径时，由脉动载荷引起的风轮轴向力变化要大。

单叶片风轮通常比双叶片风轮风能利用系数低 6%。由于风轮动力学平衡的需要，单叶片风轮需要增加相应的配重和空气动力平衡措施，并且对结构动力学的振动控制要求非常高。单叶片和双叶片风轮的轮毂通常比较复杂，为了限制风轮旋转过程中的载荷波动，轮毂具有跷跷板的特性（即采用铰链式轮毂）。叶片连接在轮毂上，允许叶片在旋转平面内向后或向前倾斜几度，这样可以明显地减少由于阵风和风剪切在叶片上产生的载荷。

从经济角度考虑，单或双叶片风轮可以节省材料，主传动机构的重量和费用也有所降低，从而减轻了整机重量。但由于解决结构振动问题所支出的费用增加，使得它们的优势并不突出。

为了控制风轮叶片空气动力噪声，通常要将风轮叶片的叶尖速度限制在65m/s以下。由于双叶片风轮的旋转速度大于三叶片风轮，因此对噪声控制不利。从景观来考虑，三叶片风轮更容易为大众接受，除了外形整体对称性原因外，还与三叶片风轮旋转速度较低有关。

四、风力机的控制目标

风力机的控制目标除了正常的起动、关机等运行程序外，主要有如下几个方面：

（1）最佳运行状态控制

当风力机运行在额定风速以下时，希望有最多的能量输出，需要改变风轮转速。采用变速发电机可以实现这一要求。

（2）额定功率控制

当风速等于或大于额定风速时，希望风力机保持额定功率输出。定桨距风力机采用失速调节来实现；变桨距风力机采用变桨距调节来实现。

1）失速调节。定桨距风力机叶片的失速调节原理如图2-33所示。图中 dR 为作用在叶片上的气动合力，该力可以分解成 dF_t、dF_n 两部分；dF_t 与风速垂直，称为驱动力，使叶片转动；dF_n 与风速平行，称为轴向推力，通过塔架作用到地面上。当叶片的桨距角不变，随着风速的增加攻角增大，达到临界攻角时，升力系数开始减小，阻力系数不断增大，造成叶片失速。失速调节叶片的攻角沿轴向由根部向叶尖逐渐减少，因而根部叶面先进入失速，随风速继续增大，失速部分向叶尖处扩展，原先已失速的部分，失速程度加深，未失速的部分逐渐进入失速区。失速部分使功率减少，未失速部分仍有功率增加，从而使输入功率保持在额定功率附近。

2）变桨距调节。当功率在额定功率以下时，控制器将桨距角置于0°附近，不作变化，可认为等于定桨距风力发电机组，发电机的功率根据叶片的气动性能随风速的变化而变化。当功率超过额定功率时，变桨距机构开始工作，调整桨距角，使叶片攻角不变，将发电机的输出功率限制在额定值附近，如图2-34所示。

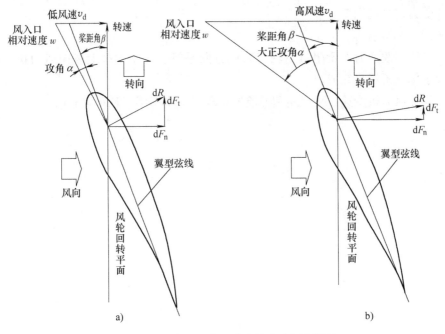

图 2-33 定桨距风力机叶片的失速调节原理

a) 小风速 b) 大风速

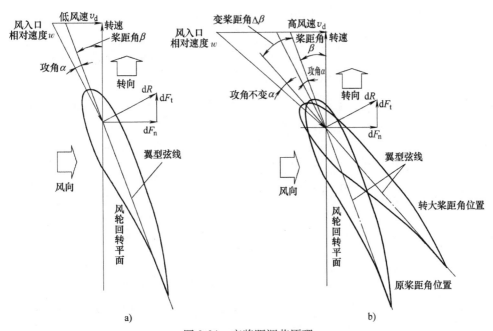

图 2-34 变桨距调节原理

a) 小风速 b) 大风速

叶片受力定义同图 2-33。

（3）对风控制

当风向改变时，希望风轮轴与来风方向平行。对于大型上风向风力机，要借助于偏航机构来完成。

至于风力机变速、变桨距和偏航的机理详见本书第三章和第五章。

第三章

发 电 系 统

在并网运行风力发电机组中，发电系统将机械能变成电能，并输送给电网。本章主要介绍并网型风力发电机组常用的发电机，以及以发电机为核心的并网发电系统。

第一节 变 压 器

变压器是发电系统常用的电器设备，它是利用电磁感应原理制成的，将某一电压等级的交流电能转换成频率相同的另一种或几种电压等级的交流电能。

一、变压器的工作原理

变压器的工作原理（见图 3-1）是两个（或两个以上）互相绝缘的绕组套在一个共同的铁心上，它们之间有磁的耦合，但没有电的直接联系。通常两个绕组中一个接到交流电源，称为一次绕组，简称一次侧。另一个接到负载，称为二次绕组，简称二次侧。在外施电压作用下，一次侧有交流电流通过，并在铁心中产生交变磁通，其频率与外施电压频率相同。并在一次、二次绕组内感应出电动势，二次侧有了电动势，便向负载供电，实现了能量传递。并且变压器一次、二次电压之比决定于一次、二次绕组匝数之比。

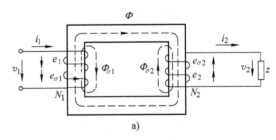

图 3-1 变压器工作原理

二、变压器的分类及结构

变压器的类型有很多。按用途不同可分为电力变压器（又分为升压变压器、降压变压器和配电变压器等，另外 220kV 以上的是超高压变压器，35~110kV 是中压变压器，10kV 为配电变压器）；特种变压器（电炉变压器、整流变压器等）；仪用互感器（电压、电流互感器）等。

按绕组数目的多少，变压器可以分为两绕组、三绕组和多绕组变压器以及自耦变压器；根据变压器铁心结构，分为心式变压器和壳式变压器（见图 3-2）；按相数的多少，分为单相变压器和三相变压器等。

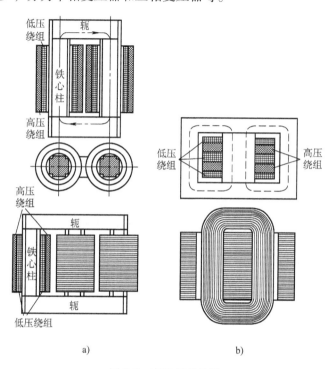

a) b)

图 3-2　变压器的构造

a）心式变压器　b）壳式变压器

按冷却方式分，有油浸式变压器和干式变压器。图 3-3 所示为干式变压器。

铁心是变压器的磁路部分，为了提高磁路的磁导率和降低铁心内的涡流损耗，铁心通常用厚度为 0.35mm，表面涂绝缘漆的含硅量较高的硅钢片制成。铁心分为铁心柱和铁轭两部分，铁心柱上套绕组，铁轭将铁心柱连接起来，使之形成闭合回路。

绕组是变压器的电路部分，一般用绝缘纸包的漆包铝线或铜线绕成。

图 3-3　干式变压器

第二节 变 流 器

变流器用于间接并网发电系统。首先介绍变流器常用的电力电子器件及应用电路。

一、电力电子器件

1. 电力电子器件的概念和特征

电力电子器件被广泛地用于处理电能的主电路中,是实现电能的传输、变换及控制的电子器件。电力电子器件所具有的主要特征为:①电力电子器件处理的电功率大小,是其主要的特征参数,它的处理能力小至几毫瓦,大至几兆瓦,一般远大于处理信息电路信号的电子器件;②由于电力电子器件处理的功率级别大,为减少自身损耗,电力电子器件往往工作在开关状态;③在实际应用中,一般由信息电子来控制电力电子器件,由于电力电子器件所处理的电功率较大,因此需要驱动电路对控制信号进行放大和隔离。

2. 电力电子器件的分类

电力电子器件可以按照可控性或驱动信号的类型来分类。

(1) 按可控性分类

根据驱动(触发)电路输出的控制信号对器件的控制程度,可将电力电子器件分为不控型、半控型和全控型 3 种器件。

1) 不控型器件:不能用控制信号控制其导通和关断的电力电子器件。如电力二极管(Power Diode),这类器件不需要驱动电路,其特征与信息电子电路中的二极管一样,器件的导通和关断完全由器件所承受的电压极性或电流大小决定。对电力二极管来说,在阳极(A)与阴极(K)之间施加正向电压,使其导通;施加反向电压,使其关断。

2) 半控型器件:可以通过门极(控制极)控制器件导通,但不能控制其关断的电力电子器件。主要有晶闸管(Thyristor)及其大部分派生器件,器件的关断一般依靠其在电路中承受反向电压或减小通态电流使其恢复关断。

3) 全控型器件:既可以通过器件的门极(控制极)控制其导通,又可控制其关断的器件。主流全控型器件主要有功率晶体管(GTR)、绝缘栅双极型晶体管(IGBT)、门极关断晶闸管(GTO)和电力场效应晶体管(P-MOSFET, Power MOSFET)等。由于这类器件可以通过门极控制其关断,又称为自关断器件。

(2) 按驱动信号类型分类

根据电力电子器件门极(控制极)对驱动信号的不同要求,可将电力电子器件分为电流驱动型和电压驱动型两种。

1）电流驱动型：通过对门极（控制极）注入或流出电流，实现其开通或关断的电力电子器件称为电流驱动型器件，如晶闸管、GTR、GTO 等。

2）电压驱动型：通过对门极（控制极）和另一主电极之间施加控制电压信号，实现其开通或关断的电力电子器件称为电压驱动型器件，如电力 MOSFET、IGBT 等。

3. 不可控器件——电力二极管

电力二极管不同于普通的二极管，它承受的反向电压耐力与阳极通流能力均比普通二极管大得多，但它的工作原理和伏安（V-A）特性与普通二极管基本相同，都具有正向导电性和反向阻断性。电力二极管是最简单、又十分重要的电力电子器件，在各类电源中应用广泛。

电力二极管的电路图形符号和静态特性（即伏安特性）如图 3-4 所示，当二极管 A-K 极间承受的正向电压 U 大于阈值电压 U_{TO} 时，二极管导通，正向电流 I 由外电路决定，与 I_F 相对应的两端电压 U_F 称为二极管的正向通态压降。当二极管

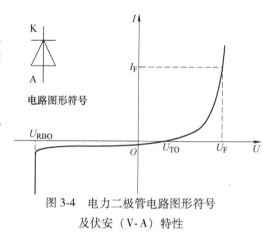

图 3-4 电力二极管电路图形符号及伏安（V-A）特性

承受反向电压时，只有少数载流子产生的反向微小电流，其数值基本不随电压而变化。当反向电压超过一定数值（U_{RBO}）后，二极管的反向电流迅速增大，产生雪崩击穿，U_{RBO} 称为反向击穿电压。

4. 半控型器件——晶闸管

晶闸管是晶体闸流管的简称，早期又称为可控硅整流器（SCR）。晶闸管可以承受的电压、电流在功率半导体中均为最高，具有价格便宜、工作可靠的优点，尽管其开关频率较低，但在大功率、低频电力电子装置中仍占主导地位。晶闸管有许多派生器件，通常所称的晶闸管是普通型晶闸管，它有 3 个电极：门极（G）、阳极（A）和阴极（K），晶闸管的电路图形符号及伏安（V-A）特性如图 3-5 所示。

晶闸管的基本特征：

1）电流触发特性：当晶闸管 A-K 极间承受正向电压时，如果 G-K 极间流过正向触发电流 I_G，就会使晶闸管导通。

2）单向导电特性：晶闸管与电力二极管一样具有方向阻断特性，当承受反向电压时，此时无论门极有无触发电流，晶闸管都不会导通。

3）半控型特征：晶闸管一旦导通，门极就会失去作用；此时，不论门极电流是否存在、触发电流极性如何，晶闸管都维持导通。要使导通的晶闸管恢复关断，可对其 A-K 极间施加反向电压或使其流过的电流小于维持电流（I_H）。

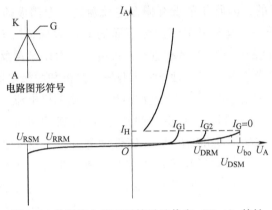

图 3-5 晶闸管电路图形符号及伏安（V-A）特性

5. 电力场效应晶体管

电力场效应晶体管（Power MOSFET）是近年来发展最快的全控型电力电子器件之一。它的显著特点是用栅极电压来控制漏极电流，因此所需驱动功率小、驱动电路简单；由于是靠多数载流子导电，没有少数载流子导电所需的存储时间，是目前开关速度最高的电力电子器件，在中小功率高频电源中应用最广。

电力 MOSFET 与信息电子技术应用的 MOSFET 类似，按导电沟道可分为 P 沟道和 N 沟道。在电力 MOSFET 中，应用最多的是绝缘栅 N 沟道增强型。图 3-6a 为 N 沟道增强型 VDMOSFET 中一个元胞的内部结构，图 3-6b 为电力 MOSFET 的电路图形符号。

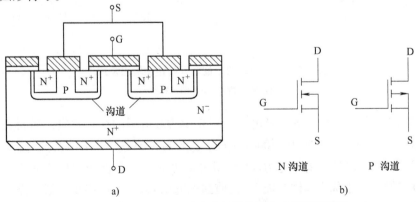

a)　　　　　　　　　　　　　　　　b)

图 3-6 电力 MOSFET 元胞内部结构图和电路图形符号

a）元胞内部结构图　b）电路图形符号

对于 N 沟道增强型 VDMOSFET，当漏极（D）接电源正极，源极（S）接电源负极，且栅极（G）与源极（S）间的电压 U_{GS} 为零时，由于 P 体区与 N^- 漂移区形成的 PN 结为反向偏置，故漏源之间不导电。如果施加正的 U_{GS} 电压，由于栅极（G）是绝缘的，因此几乎没有栅极电流流过。但栅极的正电压会将 P 体区中的少数载流子——电子吸引到栅极下面的 P 区表面，当 U_{GS} 大于阈值电压 U_{GT} 时，栅极下 P 区的电子浓度将超过空穴浓度，从而使 P 型反转成 N 型，形成反型层。该反型层形成 N 沟道，使 PN 结消失，漏极和源极之间形成导电通路。栅极电压 U_{GS} 越高，反型层越厚，导电沟道越宽，则漏极电流越大。漏极电流 I_D 不仅受到栅源电压 U_{GS} 控制，而且也与漏极电压 U_{DS} 密切相关。电力 MOSFET 的静态特征分为输入转移特性和输出 V- A 特性两部分：①漏极电流 I_D 和栅源电压 U_{GS} 的关系为 $I_D = f(U_{GS})$，它反映了输入控制电压与输出电流的关系，称为电力 MOSFET 的转移特性，如图 3-7a 所示；②以栅源电压 U_{GS} 为参变量，反映漏极电流 I_D 与漏源极之间电压的关系 $I_D = f(U_{DS})\mid_{U_{GS} = \text{const}}$ 的曲线称为电力 MOSFET 的输出特性，如图 3-7b 所示。

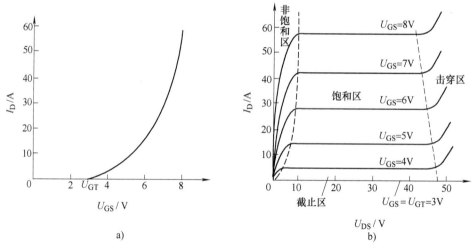

图 3-7　电力 MOSFET 的转移特性和输出特性

a）转移特性　b）输出特性

MOSFET 是靠多数载流子导电，不存在少数载流子的存储效应，因而关断过程非常迅速，开关时间在 10~100ns 之间，工作频率高达 500kHz 以上，是常用电力电子器件中最高的。由于电力 MOSFET 的结构所致，源漏极间形成一个寄生的反并联二极管（也称为本体二极管），使漏极电压 U_{DS} 为负时出现导通状态。它是 MOSFET 构成中不可分割的整体，这样虽然在很多应用中简化了电路，减少了器件的数量，但由于本体二极管的反向恢复时间较长，在高频应用时必须注意其影响。

6. 绝缘栅双极型晶体管（IGBT）

电力 MOSFET 具有驱动方便、开关速度快等优点，但导通后呈现电阻性质，在电流较大时管压降较高，而且器件的容量较小，一般仅适用于小功率装置；大功率晶体管（GTR）的饱和压降低、容量大，但属于电流驱动型，需要较大的驱动功率。此外，GTR 器件又是双极型器件，导致开关速度慢；而 IGBT 是 MOSFET 和 GTR 的复合器件，因此兼有两者的优点。

IGBT 是 20 世纪 80 年代出现的一种电压驱动的全控型器件，结构和电路图形符号如图 3-8a、b 所示。共有 3 个引出电极，分别是栅极 G、集电极 C 和发射极 E。IGBT 的静态特性也分为输入转移特性 $I_C = f(U_{GE})$ 和输出 V-A 特性 $I_C = f(U_{CE})\big|_{U_{GE}=const}$ 两种（见图 3-8c、d）。当 IGBT 栅极 G 与发射极 E 之间的外加电

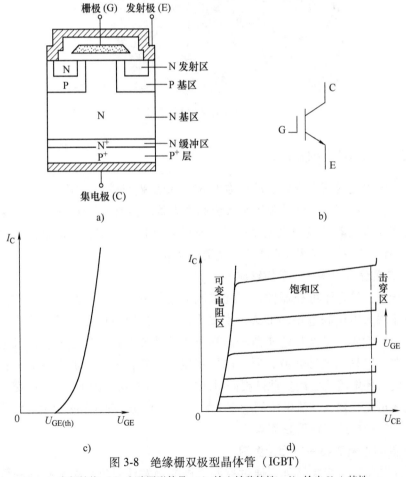

图 3-8 绝缘栅双极型晶体管（IGBT）

a）内部结构　b）电路图形符号　c）输入转移特性　d）输出 V-A 特性

压 $U_{GE} = 0$ 时，集电极电流 $I_C = 0$，IGBT 处于阻断状态（简称断态）；在栅极 G 与发射极 E 之间外加足够大的正向控制电压 U_{GE}（一般为 5~15V），IGBT 进入导通状态（通态），当 U_{CE} 大于一定值（一般为 2V 左右）时，$I_C > 0$。这样，改变 IGBT 栅极 G 与发射极 E 之间的外加电压 U_{GE} 就可以控制集电极电流 I_C。图 3-9 所示为用于变流器的 IGBT 模块外形。

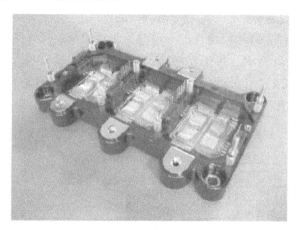

图 3-9 用于变流器的 IGBT 模块外形

二、AC-DC 变换电路

将交流电变换成直流电的过程称为 AC-DC 变换或整流。实现整流的电力半导体器件，连同辅助元器件及控制系统称之为整流器或 AC-DC 变换器。整流电路通常指实现电能转换的主电路拓扑，它的类型很多，按使用的器件类型可分为不控整流、相控整流和 PWM 斩波整流 3 类。

1. 二极管整流器——不控整流

由于二极管是不可控器件，因此整流电路的输出电压也是不可控的，其大小取决于输入电压和电路的形式，主要为需求固定直流电压的负载供电。根据负载的不同性质，二极管整流器输出端采用的滤波电路不尽相同。要求电流稳定的负载一般只加电感滤波；要求电压稳定的负载，一般只加电容滤波；既要电压稳定又要电流稳定的负载需要同时用电感、电容组成的 LC 滤波电路。加电感滤波还可提高输入交流电源的功率因数，减小谐波。图 3-10a 所示为常用的输出电压型三相桥式二极管整流器。

2. 晶闸管整流器——相控整流

由于晶闸管是半控器件，通过控制门极的触发延迟角就能控制晶闸管的导通时刻，达到控制（移相调节）输出直流电压的目的，同时将输入的交流电源整流成可控的直流电源，提供给要求电压连续可变的负载。晶闸管整流器的拓扑与二极管整流器基本类似，只要将二极管整流器件用晶闸管代替，保留原电路二极管续流器件即可。但由于晶闸管的可控性，构成的桥式整流电路又可以分为半控桥和全控桥两类。此外，完整的晶闸管整流器还需要移相触发电路、控制电路、检测和保护电路。相比二极管整流器具有更多的选择性和复杂性。工作于相位控制模式的晶闸管，产生的谐波对电网会造成二次污染，深度调压时其输入功率因数低也是这种电路的主要缺点。图 3-10b 所示为常用的输出电压型三相桥式全控晶闸管整流器。

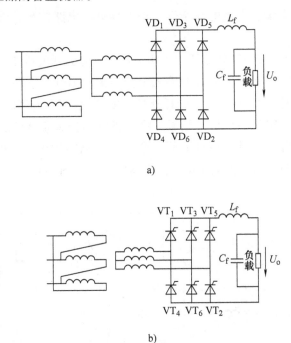

图 3-10　输出电压型三相桥式整流器

a）应用二极管　b）应用全控晶闸管

3. PWM 整流器——斩波整流

随着电力电子设备的大量应用，谐波、低功率因数对公共电网的危害日益加重，为改善电网质量、提高电能利用效率，一种新的脉宽调制（PWM）型高频开关模式整流器（SMR）于 20 世纪 90 年代投入实际应用。PWM-SMR 具有交流侧功率因数高、谐波分量低的优点。

PWM-SMR 一般采用全控型电力电子开关器件（电力 MOSFET、IGBT），用高频脉宽调制（PWM）方波驱动其导通或关断，所以从本质上讲属于 PWM 斩波整流器。PWM 整流器的类型繁多，根据电路拓扑结构和外特性，可以分为电压型（升压型或 Boost 型）和电流型（降压型或 Buck 型）两类。升压电路的特点是输出的直流电压高于交流输入电源线电压峰值，这是其升压拓扑结构决定的，升压型整流器输出一般呈电压源特性。电流型或降压型整流器输出的直流电压总是低于交流输入电源的峰值电压，这也是由其电路拓扑结构决定的，降压型整流器输出一般成电流源特性。按是否具有能量回馈功能，可将 PWM 整流器分为无能量回馈的整流器（PFC）和具有能量回馈的开关模式整流器（Reversible SMR）。无论哪一种 PWM 整流器，都基本上能达到功率因数为 1，但不同的结构在谐波含量、控制的复杂性、动态性能、电路体积、质量、成本等方面有较大差别。

能量可回馈型的 PWM 整流器均采用全控型半导体开关器件，它比 PFC 电路具有更高的动态响应速度和更好的输入电流波形。另外，它还可以把交流输入电流的功率因数控制为 0~1 之间的任意值，实现交流-直流侧的双向能量流动。在实际应用中，特别是中小功率领域，将二极管与自关断器件反并联，可组成一个双向导电的开关器件，在直流侧并联一个大电容构成电压型的 PWM 整流器，是能量可双向流动的高频 PWM 整流器的主流。图 3-11 所示是三相电压型 PWM 整流器。

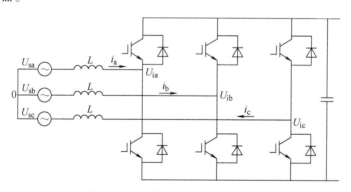

图 3-11　三相电压型 PWM 整流器

三、DC-DC 变换电路

直流-直流变换器的功能是将一种直流电变换成另外一种固定或可调电压的直流电，又称为直流斩波器。按输入输出间是否有电气隔离可分为不隔离式和隔离式直流变换器 2 种。不隔离式直流变换器按开关器件个数又可分为单管、双管和四管 3 类。常用的单开关器件直流变换器主要有 6 种：降压型变换器、升压型变换器、降-升压型变换器和 3 种升-降/降-升压型变换器。有隔离的变换器利用隔离变压器可以实现输入与输出间的电气隔离，采用变压器实现变压和隔离，有利于扩大变换器的电压应用范围，还可以实现多路输出。

图 3-12a 所示为单管不隔离式 Busk 变换器，Busk 变换器是一种降压型 DC-DC 变换电路，输出电压小于或等于输入电压，输入电流断续。输出电压 $U_o = D_Y U_i$，V 的占空比 $D_Y = T_{on}/T_s = 0 \sim 1$。

图 3-12b 所示为单管不隔离式 Boost 变换器，Boost 变换器是一种升压型 DC-DC 变换电路，输出电压大于输入电压，V 的占空比 D_Y 必须小于 1，输入电流连续。输出电压 $U_o = U_i/(1-D_Y)$。

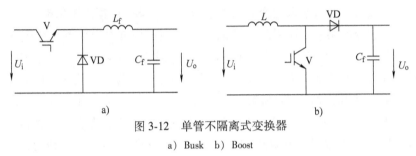

图 3-12　单管不隔离式变换器

a）Busk　b）Boost

四、DC-AC 变换电路

将直流电变换为交流电的过程称为逆变换或 DC-AC 变换，实现逆变的主电路称为 DC-AC 变换电路。通常将 DC-AC 变换电路、控制电路、驱动及保护电路组成的 DC-AC 逆变电源称为逆变器。

DC-AC 变换电路根据电路拓扑结构和外特性，可以分为电压型和电流型两类。

电压型逆变器的直流输入端并接有大电容储能元件，逆变桥输出到负载两端的电压为方波，其幅值为电容电压。逆变桥的输出电流的大小和相位由负载决定，电流波形取决于负载的性质，电阻性负载的电流波形和电压波形一样是方波，电阻电感性负载的电流波形根据其阻抗角的大小在方波和三角波之间，纯电感负载的电流波形是三角波，且功率因数为零。对于电阻电感性负载，为了提高逆变器输出的功率因数，可外加补偿电容，形成 RLC 谐振负载，当逆变器的开关频率和谐振负载频率一致时，谐振负载等效为电阻 R，而负载 R 上的电流和电压都是正弦波，相位差为零，这时开关器件工作在零电流关断（ZCS）的软开关状态，逆变器输出的有功功率最大。RLC 谐振负载有串联型和并联型，将 R-L-C 串联可组成串联谐振逆变器，串联谐振逆变器采用电压型逆变器，由恒压源供电。

电流型逆变器直流输入串接大电感储能元件，逆变器由电感稳流提供恒电流，逆变桥输出到负载的电流为方波，其幅值为电感电流。逆变桥输出的电压值由负载决定，电压波形取决于负载的性质，电阻性负载的电压波形和电流波形一样是方波，电阻电感性负载的电压波形根据其阻抗角的大小在方波和三角波之间，纯电感负载的电压波形是三角波，且功率因数为零。对于电阻电感性负载，为了提高逆变器输出的功率因数，可外加补偿电容，组成 RLC 并联谐振负载，这时开关器件工作在零电压导通（ZVS）的软开关状态，当逆变器的开关频率和谐振负载频率一致时，谐振负载等效为电阻 $R_0 = L/RC$，这时逆变器输出的有功功率最大。并联谐振逆变器采用电流型逆变器，由恒流源供电。

在三相逆变电路中，应用最广泛的是电压型三相桥式逆变器，如图 3-13 所示，常用 180°换流导电型。6 个开关管的换相顺序为 $V_1 \rightarrow V_2 \rightarrow V_3 \rightarrow V_4 \rightarrow V_5 \rightarrow V_6$，每个开关管的导通角度为 180°。为防止同一桥臂上下两个开关管同时导通造成的电源短路（又称直通），同桥臂上的两个开关管要先关后开，并留有安全裕量，称为死区时间。死区时间的长短根据开关器件的速度决定。三相桥式逆变器常用脉宽调制（PWM）和移相调功控制方式。在图 3-13 中，直流母线采用电容 C_{dc} 滤波，负载线电压幅值为 U_{dc}，开关管 $V_1 \sim V_6$ 上承受的最大电压为 U_{dc}。

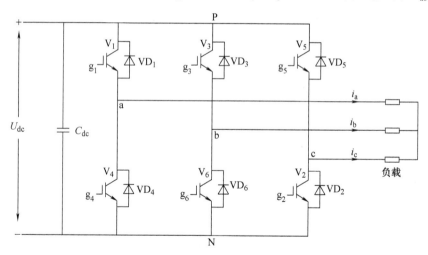

图 3-13　电压型三相桥式逆变器

五、正弦波脉宽调制技术

正弦波脉宽调制（SPWM）基本思想是用一系列等幅不等宽的脉冲来代替一个正弦半波，在脉冲频率很高时，对于惯性环节，脉宽调制脉冲与正弦半波输出响应等效。

脉宽调制（PWM）策略既可用于逆变器，也可用于整流器，这里以逆变器（见图 3-13）为例加以说明。

图 3-14 所示为两电平逆变器的正弦波脉宽调制工作原理，其中 u_{ma}、u_{mb} 和 u_{mc} 是三相正弦调制波信号，u_{cr} 是三角载波信号。逆变器输出电压的基波分量可通过幅值调制因数进行调节。定义幅值调制因数

$$m_a = \frac{\hat{U}_m}{\hat{U}_{cr}}$$

式中 　$\hat{U}_m$——调制波峰值；

　　　$\hat{U}_{cr}$——载波峰值。

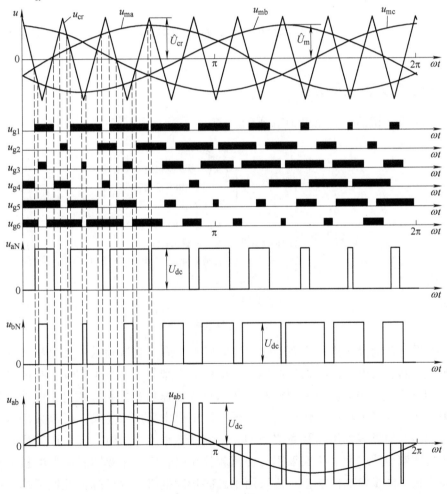

图 3-14　正弦波脉宽调制工作原理

通常通过固定 $\hat{U}_{cr}$ 而控制 $\hat{U}_m$ 来调节幅值调制因数 m_a。定义频率调制因数为

$$m_f = \frac{f_{cr}}{f_m}$$

式中　f_m——调制波频率；

　　　f_{cr}——载波频率。

通过比较调制波和载波，可以得到开关器件 $V_1 \sim V_6$ 的工作方式。当 $u_{ma} > u_{cr}$ 时，逆变器 a 相上桥臂 V_1 导通，下桥臂 V_4 以互补的方式动作，因此被关断。从而使得逆变器输出端电压 u_{aN}，即 a 相输出端相对直流母线负端 N 之间的电压，等于直流母线电压 U_{dc}。同理，当 $u_{ma} < u_{cr}$ 时，V_4 导通，而 V_1 关断，使得 $u_{aN} = 0$。因为 u_{aN} 的波形只有两个电平，既 U_{dc} 和 0，这种逆变器也常称作两电平逆变器。

第三节　发电机概述

一、风力发电机分类

风力发电机的分类如图 3-15 所示。

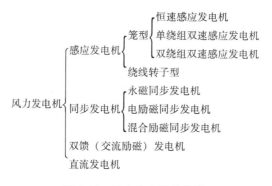

图 3-15　风力发电机的分类

目前，风力发电机广泛采用感应发电机、双馈（交流励磁）发电机和同步发电机，直流发电机已经很少应用。发电机的选型与风力机类型以及控制系统的控制方式直接相关。当采用定桨距风力机和恒速恒频控制方式时，应选用感应发电机。为了提高风电转换效率，感应发电机常采用双速型，可以采用双绕组双速型，但更多采用单绕组双速型。采用变桨距风力机时，应采用笼型感应发电机或双馈感应发电机。采用变速恒频控制时，应选用双馈感应发电机或同步发电机。同步发电机中，一般采用永磁同步发电机，为了降低控制成本，提高系统的控制性能，也可采用混合励磁（既有电励磁、又有永磁）的同步发电

机。对于直驱式风力发电机组，一般采用低速（多极）永磁同步发电机。

二、发电机基本参数

（1）发电机的输出功率

发电机的输出功率分为视在功率、有功功率和无功功率。视在功率是指输出电压有效值和电流有效值的乘积，单位为 V·A；有功功率是指单位时间输出的交流电的电能，单位为 W、kW、MW。无功功率是表述视在功率超过有功功率程度的辅助量，单位为乏（var）或千乏（kvar）。通常所说的功率是指发电机在运行的过程中所发出的有功功率。且有

$$P_{el} = \sqrt{3}\, UI\cos\varphi \tag{3-1}$$

式中　P_{el}——发电机的输出功率，单位为 W；

　　　U——定子三相绕组上的线电压有效值，单位为 V；

　　　I——流过定子绕组的线电流有效值，单位为 A；

　　　$\cos\varphi$——功率因数。

（2）发电机转速

指发电机在其运行的过程中转子的旋转速度，转速用 n 表示，单位为 r/min。有时需要用角速度表示转速，两者的关系为

$$n = \frac{\pi}{30}\Omega_m \tag{3-2}$$

式中　Ω_m——转子的旋转角速度，即主传动系统的输出角速度，单位为 red/s。

（3）转差率

当定子绕组接入频率恒定的对称三相交流电网上时，定子三相绕组中便有对称的三相电流通过，它们联合产生一个定子旋转磁场。定子旋转磁场的转速 n_1 称为同步转速，同步转速决定于电网的频率和电机绕组的极对数，三者的关系为

$$n_1 = \frac{60 f_1}{p} \tag{3-3}$$

式中　n_1——同步转速，单位为 r/min；

　　　f_1——电网频率，单位为 Hz；

　　　p——电机绕组的极对数。

一般与电网并联运行的发电机极对数 p 为 2 或 3，当电网频率 f_1 为 50Hz 时，则发电机同步转速 n_1 为 1500r/min 或 1000r/min。

因为风力机的转速较低，在风力机和发电机之间需经增速齿轮箱传动来提高转速以达到适合发电机运转的转速。当发电机转子在风轮的带动下以转速 n

旋转时，发电机中旋转磁场和转子之间的相对转速为 $\Delta n = n_1 - n$，相对转速与同步转速的比值称为异步电机的转差率，用 s 表示，即

$$s = \frac{n_1 - n}{n_1} \times 100\% \qquad (3\text{-}4)$$

（4）发电机效率

指发电机在其运行的过程中所发出的有功功率 P_{el} 与输入的机械功率 P_m 之比。即

$$\eta = \frac{P_{el}}{P_m} \qquad (3\text{-}5)$$

发电机的效率与转速有关，如图 3-16 所示。

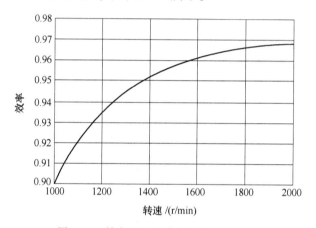

图 3-16　某发电机的效率与转速的关系

（5）发电机的额定值

主要有：

1）额定容量 S_N 和额定功率 P_N：额定容量 S_N 是指出线端的额定视在功率，单位为 kVA 或 MVA。而额定功率 P_N 是指在规定的额定情况下，发电机输出的有功功率，单位为 kW 或 MW。

2）额定电压 U_N：是指在额定运行时电机定子的线电压有效值，单位为 V 或 kV。

3）额定电流 I_N：是指在额定运行时流过定子的线电流有效值，单位为 A。

4）额定功率因数 $\cos\varphi_N$：是指发电机在额定运行时的功率因数。

5）额定效率 η_N：是指发电机在额定运行时的效率。

上述额定值之间的关系为

$$P_N = \sqrt{3}\, U_N I_N \cos\varphi_N$$

每台发电机上都有一个铭牌，铭牌上标明了上述额定值。除额定值外，铭牌上还标有额定频率、额定转速等。

第四节　基于感应发电机的发电系统

在风力发电中，应用笼型感应发电机发展了多种形式的风力发电机组，如图1-6、图1-8、图1-11a等。有的机型曾经主导市场，有的仍在风电场服役，有的机型正在开发。

一、感应发电机

感应发电机属于异步发电机，具有结构简单、价格低廉、可靠性高、并网容易等优点。

1. 基本结构

感应发电机可分为笼型和绕线转子型两种，首先介绍笼型感应发电机。图3-17为笼型感应发电机剖面图，其基本结构如图3-18所示。

图3-17　笼型感应发电机剖面图

笼型感应发电机由定子和转子两部分组成，定、转子之间有气隙。

定子铁心的作用是作为笼型感应发电机中磁路的一部分和放置定子绕组。为了嵌放定子绕组，在定子铁心内圆冲出许多形状相同的槽。定子绕组是笼型感应发电机的电路部分，其主要作用是感应电动势，通过电流以实现机电转换。定子绕组的槽内布置分为单层和双层两种。容量较大的感应发电机一般都采用双层短距绕组。定子绕组在槽内部分与铁心之间必须可靠绝缘。

笼型感应发电机 ⎰ 定子 ⎰ 定子铁心：用 0.5mm 硅钢片冲制叠压而成，是主磁路的一部分，
槽中嵌放定子绕组

定子绕组：用扁铜绝缘线或圆铜漆包线绕制而成，感生电动势，
通过电流，产生定子旋转磁场，向电网输出电功率

机　座：用铸钢或厚钢板焊接后加工而成，用于固定定子铁
心及防护水和沙尘等异物进入电机内部

端　盖：用铸钢或厚钢板焊接加工而成，用于安装轴承、支
承转子和电机防护

转子 ⎰ 转子铁心：用 0.5mm 钢板冲制叠压而成，是主磁路的一部分，
槽中嵌放转子线圈

转子绕组：由铸铝或铜质导条和端环构成笼型短路绕组，用于
感生转子电动势，通过转子电流，产生电磁转矩

转　轴：支撑转子旋转，输出机械转矩

气隙：储存磁场能量，转换和传递电磁功率，保证转子正常旋转

图 3-18　笼型感应发电机的基本结构

转子铁心也是作为笼型感应发电机中磁路的一部分，大型笼型感应发电机的转子铁心套在转子支架上。在转子铁心上开有槽，用以放置转子绕组。笼型感应发电机的转子绕组不必由外接电源供电，因此可以自行闭合而构成短路绕组。最简单的转子绕组结构是：每个转子槽中嵌入金属（铝或铜）导条。在两端用铝或铜端环将导条短接，如图 3-19 所示。

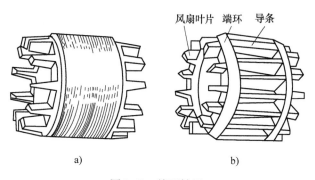

风扇叶片　端环　导条

a)　　　　　　　　　　　b)

图 3-19　笼型转子

a）带铁心　b）除去铁心

笼型感应发电机的定子和转子之间必须有一定的气隙，气隙的大小对发电机的性能有很大的影响。为了降低空载电流和提高功率因数，在工艺允许的情况下，气隙应尽可能地小。

笼型感应发电机的冷却风扇与转子同轴，安装在非驱动端侧，基座上有定

位孔，外盖上有吊装孔，定子接线盒起到保护接线作用。

　　绕线转子感应发电机的定子与笼型感应发电机相同，转子绕组电流通过集电环和电刷流入流出。图 3-20 为三相绕线转子绕组接线图。

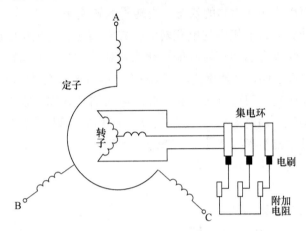

图 3-20　三相绕线转子感应发电机绕组接线

2. 工作原理

　　定子上有三相绕组，它们在空间上彼此相差 120° 电角度，每相绕组的匝数相等。转子槽内有导体，导体两端用短路环连接起来，形成一个闭合的绕组。当定子绕组接入频率恒定的对称三相交流电网上时，定子三相绕组中便有对称的三相电流通过，它们联合产生一个定子旋转磁场，用 S、N 极表示。设定子旋转磁场以转速 n_1（称同步转速）沿反时针方向旋转，如图 3-21 所示。

　　如果转子在风力机的带动下，以高于同步转速 n_1 的转速向相同方向恒速旋转，则转子导体切割磁力线而感生电动势。电动势的方向可以用右手定则确定。如图 3-21 中的叉和点所示。在该电动势的作用下，转子导体内便有电流通过，电流的有功分量与电动势同相位。于是，转子导体电流与旋转磁场相互作用使转子导体受到电磁力 f_{em} 的作用，电磁力 f_{em} 的方向可以用左手定则确定，如图 3-21 所示。电磁力 f_{em} 所产生的电磁力矩 M_{em} 的方向与转子转向相反，M_{em} 对风力机是制动转矩，转子从

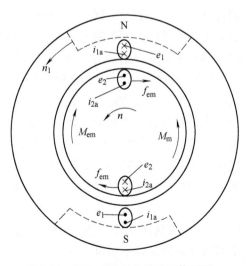

图 3-21　笼型感应发电机的工作原理

风力机吸收机械功率。另一方面，由于定子上与转子电流的有功分量 i_{2a} 相平衡的电流 i_{1a} 与电动势 e_1 同方向，功率 $e_1 i_{1a}$ 是正值，也就是说，定子绕组向电网输出电功率，感应发电机运行于发电状态。

感应电机可以工作在不同的状态。当转子的转速小于同步转速时（$n<n_1$），电机工作在电动状态，电机中的电磁转矩为拖动转矩，电机从电网中吸收无功功率建立磁场，吸收有功功率将电能转化为机械能；当感应电机的转子在风力机的拖动下，以高于同步转速旋转时（$n>n_1$），电机运行在发电状态，电机中的电磁转矩为制动转矩，阻碍电机旋转，此时电机需从外部吸收无功电流建立磁场（如由电容提供无功电流），而将从风力机中获得的机械能转化为电能提供给电网。此时电机的转差率为负值，一般其绝对值在 2%~5% 之间，并网运行的较大容量感应发电机的转子转速一般在 $(1\sim1.05)n_1$ 之间。

3. 电流、转矩-转速特性

感应发电机的电流、转矩-转速特性曲线如图 3-22 所示，图中，I_k 为极限电流，M_k 为极限转矩，ω_1 为同步角频率。

图 3-22 中描述的是感应发电机的电流和转矩根据转速不同的变化情况，其中转子的转速范围涵盖了逆同步转速（$s=2$）到双倍同步转速（$s=-1$）之间的区间，图中

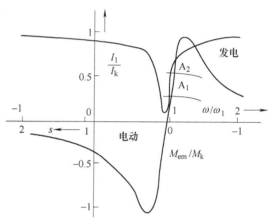

图 3-22 感应发电机的电流、转矩-转速特性曲线

也标出了转子固定不动时的工况（$s=1$）。并网后，发电机运行在曲线上的直线段，即发电机的稳定运行区域。发电机输出的电流大小及功率因数决定于转差率 s 和发电机的参数，对于已制成的发电机其参数不变，而转差率大小由发电机的负载决定。当风力机传给发电机的机械功率和机械转矩增大时，发电机的输出功率及转矩也随之增大，由图 3-22 可见，发电机的转速将增大，发电机从原来的平衡点 A_1 过渡到新的平衡点 A_2，继续稳定运行。但当发电机输出功率超过其最大转矩对应的功率时，随着输入功率的增大，发电机的制动转矩不但不增大反而减小，发电机转速迅速上升而出现飞车现象，十分危险。因此，必须配备可靠的失速叶片或限速保护装置，以确保在风速超过额定风速及阵风时，从风力机输入的机械功率被限制在一个最大值范围内，从而保证发电机输出的功率不超过其最大转矩所对应的功率。

当电网电压变化时，将会对并网运行的感应发电机有一定的影响。因为发

电机的电磁制动转矩与电压的平方成正比,当电网电压下降过大时,发电机也会出现飞车;而当电网电压过高时,发电机的励磁电流将增大,功率因数下降,严重时将导致发电机过载运行。因此,对于小容量的电网,或选用过载能力大的发电机,或配备可靠的过电压、欠电压保护装置。

二、并网方式

大型感应发电机通常采用晶闸管软并网。晶闸管软并网是在感应发电机的定子和电网之间每相串入一只双向晶闸管,通过控制晶闸管的导通角控制并网时的冲击电流,从而得到一个平滑的并网暂态过程,如图 3-23 所示。并网过程如下:当风力机将发电机带到同步转速附近时,在检查发电机的相序和电网的相序相同后,发电机输出端的断路器闭合,发电机经一组双向晶闸管与电网相连,在微机的控制下,双向晶闸管的触发延迟角由 180° 到 0° 逐渐打开,双向晶闸管的导通角则由 0° 到 180° 逐渐增大,通过电流反馈对双向晶闸管的导通角实现闭环控制,将并网时的冲击电流限制在允许的范围内,从而感应发电机通过晶闸管平稳地并入电网。并网的瞬态过程结束后,当发电机的转速与同步转速相同时,控制器发出信号,利用一组接触器将晶闸管短接,感应发电机的输出电流将不经过双向晶闸管,而是通过已闭合的接触器流入电网。但在发电机并入电网后,应立即在发电机端并入功率因数补偿装置,将发电机的功率因数提高到 0.95 以上。

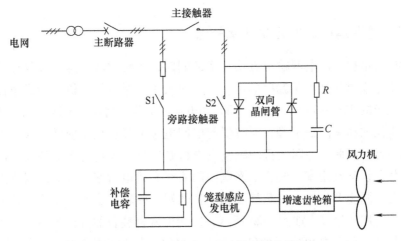

图 3-23 大型感应发电机经晶闸管软并网

在并网过程中,电流互感器电路测出发电机的实际输出电流信号,经整流、滤波和 A-D 转换后送至控制器,与基准值比较,并将此比较值作为晶闸管控制角大小的依据，将此信号经 D-A 转换送至触发板与采样的同步电压信号共同产生晶闸管的触发信号。通过这种限流控制方式实现发电机的软并网，其软并网系统控制结构如图 3-24 所示。

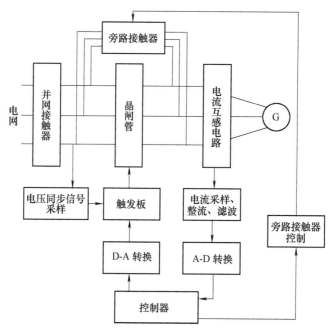

图 3-24　软并网系统控制结构

三、并网运行时的无功功率补偿

感应发电机在向电网输出有功功率的同时，还必须从电网中吸收滞后的无功功率来建立磁场和满足漏磁的需要。一般大中型感应发电机的励磁电流约为其额定电流的 20%~30%，如此大的无功电流的吸收，将加重电网无功功率的负担，使电网的功率因数下降，同时引起电网电压下降和线路损耗增大，影响电网的稳定性。因此，并网运行的感应发电机必须进行无功功率的补偿，以提高功率因数及设备利用率，改善电网电能的质量和输电效率。目前，调节无功的装置主要有同步调相机、有源静止无功补偿器、并联补偿电容器等。其中以并联电容器应用的最多，如图 3-23 所示，因为前两种装置的价格较高，结构、控制比较复杂，而并联电容器的结构简单、经济、控制和维护方便、运行可靠。并网运行的感应发电机并联电容器后，它所需要的无功电流由电容器提供，从而减轻电网的负担。

在无功功率的补偿过程中，发电机的有功功率和无功功率随时在变化，普通的无功功率补偿装置难以根据发电机无功电流的变化及时地调整电容器的数值，因此补偿效果受到一定的影响。为了实现无功功率及时和准确的补偿，必须计算出任何时刻的有功功率、无功功率，并计算出需要投入的电容值来控制电容器的投入数量，而这些大量和快速的计算及适时地控制，目前可通过 DSP（数字信号处理器）和计算机来实现。

第五节　基于同步发电机的发电系统

同步发电机有电励磁和永磁两类。图 3-25 所示为它们的基本结构及区别。

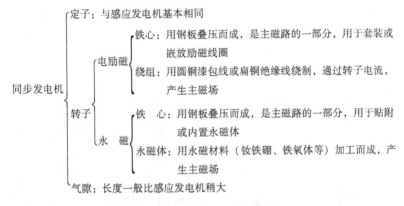

图 3-25　同步发电机的基本结构及区别

当发电机的转速一定时，同步发电机的频率稳定，电能质量高。同步发电机运行时可通过调节励磁电流来调节功率因数，既能输出有功功率，也可提供无功功率，可使功率因数为 1，因此被电力系统广泛接受。同步发电机在水轮发电机、汽轮发电机、核能发电等领域已经获得了广泛应用。同步发电机用于风力发电直接并网运行时，转速必须严格保持在同步速度，否则就会引起发电机的电磁振荡甚至失步，同步发电机的并网技术也比感应发电机的要求严格得多。然而，由于风速的随机性，使发电机轴上输入的机械转矩很不稳定，风轮的巨大惯性也使发电机的恒速恒频控制十分困难，不仅并网后经常发生无功振荡和失步等事故，就是并网本身都很难满足并网条件的要求，而常发生较大的冲击甚至并网失败。因此，基于同步发电机的发电系统多采用间接并网，如图 1-11b、图 1-12、图 1-14 所示。

发电机间接并网的发电系统整体布局如图 3-26 所示。发电系统主要由以下功能模块组成：①软起动单元，②du/dt 滤波器，③机侧变流器，④网侧变流器，⑤LCL 网侧滤波器，⑥撬棒保护电路，⑦励磁电源，⑧发电机等。

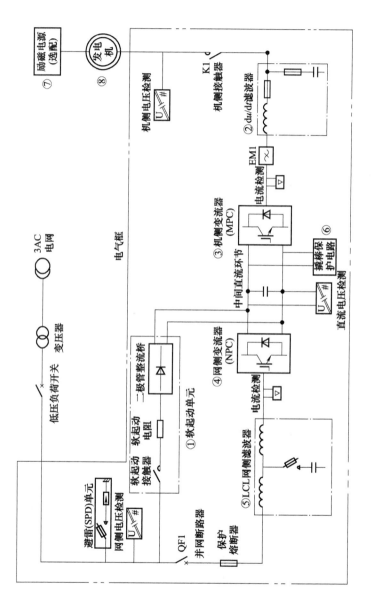

图 3-26　发电机间接并网的发电系统的整体布局

在并网断路器闭合瞬间，过高的电压变化率在直流母线电容上形成较大的冲击电流。因此，发电系统添加软起动电路，在网侧断路器闭合前通过软起动电路为直流母线上的支撑电容充电，保护支撑电容不受电网电压的冲击。du/dt滤波单元用于抑制机侧出现的电压尖峰和快速瞬变电压。机侧变流器将发电机定子输出的三相交流电整流为直流电，实现发电机在不同的风速和转速条件下输出稳定的直流电压。网侧变流器将直流电转换成三相交流电送入电网，实现全功率风力发电机组的可靠并网运行。LCL网侧滤波器用于抑制交流电压畸变和电流谐波，以减小变流器对电网的谐波污染，满足并网电能质量的要求。撬棒保护电路是为了使变流器具备低电压穿越（LVRT）功能，即在电网电压瞬变时仍然并网运行的场合，必须配置撬棒电路。撬棒由功率器件和一个卸荷负载电阻组成。功率器件是撬棒的控制部分，包括IGBT及其控制电路等。卸荷负载电阻的作用是消耗电网电压跌落时直流侧的多余能量。励磁电源（选配）是为电励磁同步发电机励磁线圈提供电源的装置。

一、电励磁同步发电机

电励磁同步发电机的剖面如图3-27所示。

1. 基本结构

（1）定子

同步发电机的定子由定子铁心、定子绕组、机座以及固定这些部分的其他结构件组成。铁心一般采用厚0.5mm的电工硅钢片

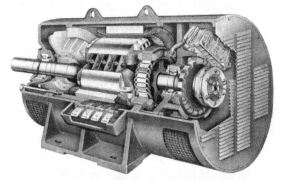

图 3-27 电励磁同步发电机的剖面图

叠成，每叠厚度为3~6cm。叠与叠之间留有宽1cm的通风槽。整个定子铁心靠拉紧螺杆和特殊的非磁性端压板压紧成整体，固定在机座上。

定子绕组是由嵌在定子铁心槽内的线圈按一定规律连接而成，一般均采用三相双层短距叠绕组。为避免电流太大，定子绕组选用较高的电压，一般取6.3kV、10.5kV和13.8kV。

定子机座为钢板焊接结构，其作用除了支撑定子铁心外，还要组成所需的通风路径。

（2）转子

同步发电机的转子有凸极式和隐极式两种，其结构如图3-28所示。隐极式的同步发电机转子呈圆柱体状，其定、转子之间的气隙均匀，励磁绕组为分布绕组，分布在转子表面的槽内。凸极式转子具有明显的磁极，绕在磁极上的励

磁绕组为集中绕组，定、转子间的
气隙不均匀。凸极式同步发电机结
构简单、制造方便，一般用于低速
发电场合；隐极式的同步发电机结
构均匀对称，转子机械强度高，可
用于高速发电。大型风力发电机组
一般采用隐极式同步发电机。

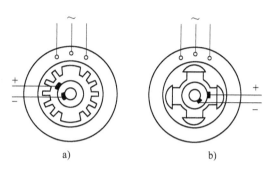

图 3-28　同步发电机转子结构

a）隐极式　b）凸极式

隐极式同步发电机转子由转子
铁心、励磁绕组、护环、中心环、
集电环和风扇等部分组成。

转子铁心即是发电机磁路的主要组成部分，又由于高速旋转而承受着很大
的机械应力，所以一般都采用整块的高机械强度和良好的导磁性能的合金钢锻
成，与转轴锻成一体。沿转子铁心表面铣出槽以安放励磁绕组。

励磁绕组由扁铜线绕成同心式线圈。各线匝之间垫有绝缘，线圈与铁心之
间要有可靠的"对地绝缘"。励磁绕组是被槽楔压紧在槽里的。励磁绕组经集电
环、电刷与直流电源相连，通以直流励磁电流来建立磁场。

护环是一个厚壁金属圆筒，用来保护励磁绕组的端部使其紧密地压在护环
和转轴之间，不会因离心力而甩出。而中心环则用以支持护环并阻止励磁绕组
段轴向移动。集电环装在转子轴上，通过引线接到励磁绕组，并借电刷装置接
到励磁装置。

（3）端盖和轴承

端盖的作用是将发电机本体的两端封盖起来，并与机座、定子铁心和转子
一起构成发电机内部完整的通风系统。端盖多用无磁性的轻型材料硅铝合金铸
造而成。

用于直驱风力发电机组的同步发电机需做成多极的。电励磁多极同步发电
机如图 3-29 所示。

2. 工作原理

电励磁同步发电机转子磁极（简称主极）上装有励磁绕组，由直流励磁，
其磁通从转子 N 极出来，经过气隙、定子铁心、气隙，进入转子 S 极而构成回
路，如图 3-30 中虚线所示。

如果用风力机拖动发电机转子沿逆时针方向恒速旋转，则磁极的磁力线将
切割定子绕组的导体，在定子绕组中感应出交变电动势。设磁极磁场的气隙磁
密沿圆周按正弦规律分布，则导体电动势也随时间按正弦规律变化。

由于三相绕组在空间上彼此相差 120° 电角度，在图 3-30 所示的转向下，磁

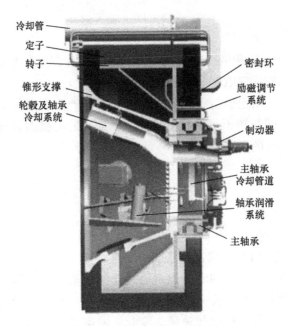

图 3-29　电励磁多极同步发电机

力线将先切割 A 相绕组，再切割 B 相，然后切割 C 相。因此，定子三相电动势大小相等，相位彼此互差 120°，其波形如图 3-31 所示。

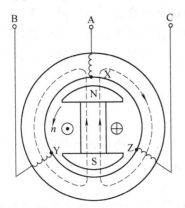

图 3-30　同步发电机的工作原理

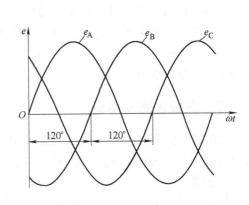

图 3-31　三相电势波形

电动势的频率可以这样决定：当转子为一个极对时，转子旋转一周，绕组中的感应电动势正好交变一次（即一周波）；当电极有 p 对极时，则转子旋转一周，感应电动势交变 p 次（即 p 个周波）。设转子每分钟转数为 n，则转子每秒钟旋转 $n/60$ 转，因此感应电动势每秒交变 $pn/60$ 次，即电动势的频率 f 为

$$f = \frac{pn}{60} \tag{3-6}$$

如果图 3-31 所示三相绕组的出线端接上三相负载，便有电能输出，也就是说发电机把机械能转换成电能。

在并网运行时，由定子绕组中的三相对称电流产生的定子旋转磁场的转速与转子转速相同，即与转子磁场相对静止。因此，发电机的转速、频率和极对数之间有着严格不变的固定关系，即

$$f_1 = \frac{pn}{60} = \frac{pn_1}{60} \tag{3-7}$$

式中　f_1——同步频率；

　　n_1——同步转速。

3. 多极电励磁同步发电机发电系统

多极电励磁同步发电机的定子绕组通过全额变流器与电网相连接，可以组成直驱式变速恒频风力发电系统。如图 1-12a 所示。当风速变化时，为实现最大风能捕获，风力机和发电机的转速随之变化，发电机发出的是变频交流电，通过变流器转化后获得恒频交流电输出，再与电网并联。由于同步发电机与电网之间通过变流器相连接，发电机的频率和电网的频率彼此独立，并网时一般不会发生因频率偏差而产生较大的电流冲击和转矩冲击，并网过程比较平稳。

电励磁机组的变流器接在定子绕组中，通过全额变流器与电网相连接，所需容量较大，电力电子装置价格较高。但其控制比较简单，除利用变流器中的电流控制发电机电磁转矩外，还可通过转子励磁电流的控制实现转矩、有功功率和无功功率的调节。

二、多极永磁发电机

永磁发电机的转子极对数可以做得很多。从而使其同步转速较低，一般仅为 $10\sim25\text{r/min}$。这样，就可以与风力机直接相连了。

1. 分类

从转子与定子的位置关系来看，永磁发电机可以分为内转子和外转子两种。外转子永磁发电机的定子固定在发电机的中心，而外转子绕着定子旋转。永磁体沿圆周径向均匀地安放在转子内侧，外转子直接暴露在空气之中。内转子永磁发电机情况则相反。内转子和外转子直驱式风力发电机组的剖面结构如图 3-32 所示。

2. 内转子永磁同步发电机基本结构

内转子永磁同步发电机主要部件有机壳、定子嵌线、转子支架、永磁磁极、

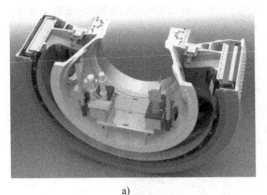 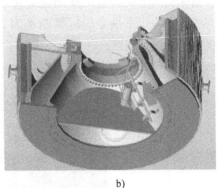

a)　　　　　　　　　　　　　　　　b)

图 3-32　内转子和外转子直驱式风力发电机组的剖面结构

a) 外转子　b) 内转子

轴承系统、圆锥形支撑、接线盒、冷却系统、密封防护等（见图 3-33）。

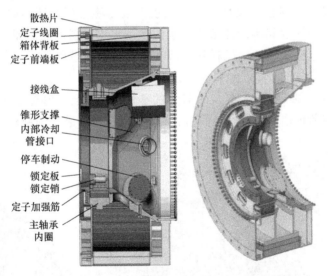

散热片
定子线圈
箱体背板
定子前端板

接线盒

锥形支撑
内部冷却
管接口

停车制动
锁定板
锁定销
定子加强筋
主轴承
内圈

图 3-33　内转子永磁同步发电机的内部结构

　　发电机的外表面称为机壳，永磁发电机连接机舱和轮毂，常采用圆筒式机壳结构。不仅便于连接，还可以充分利用自然风对发电机进行冷却。机壳由钢板焊接而成，其上装有吊攀，通过吊攀可以方便地将发电机吊运。机壳与定子铁心的连接采用小过盈及增加定位销止动结构。

　　定子嵌线如图 3-34 所示，由定子铁心和绕组组成。定子铁心由高导磁材料电工硅钢片叠压而成，其结构主要由定子冲片、齿压板、压圈及加强筋组成一个整体；发电机绕组由线圈经过接线连接而成。定子铁心为外压装结构，将成型线圈嵌入定子铁心后用槽楔紧固。定子槽中安放有测温元件，用于测量发电机定子绕组的温度。

图 3-34　永磁发电机定子嵌线

永磁发电机转子如图 3-35 所示，主要由转子支架和永磁磁极组成，转子支架由圆筒、盘及支撑板焊接而成，圆筒上安装永磁磁极，还是磁路的一部分。永磁磁极由永磁体盒和永磁体组成，永磁体用永磁材料加工而成，用于产生主磁场。永磁发电机所用的永磁材料一般有铁氧体和钕铁硼两类，其中采用钕铁硼制造的发电机体积较小，重量较轻，因此应用广泛。

锥形支撑（见图 3-36）是安装轴承的部件，承受转子和轮毂重量以及风轮载荷，并将载荷传递给机舱。接线盒、润滑系统等部件装在圆锥形支撑上。

图 3-35　永磁发电机转子　　　　　图 3-36　锥形支撑

永磁发电机转子磁钢不发热，主要热量来自定子绕组损耗，机座外部有散热筋，可以利用自然风进行散热。发电机损耗产生的热量大部由外表面散热，其余由发电机闭式内部循环换热回路带走。发电机气隙强制风冷系统采用板式换热器，如图 3-37 所示。

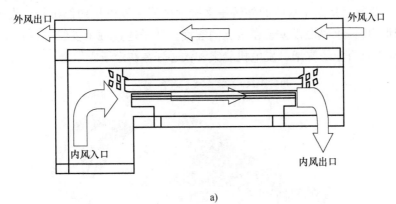

a)

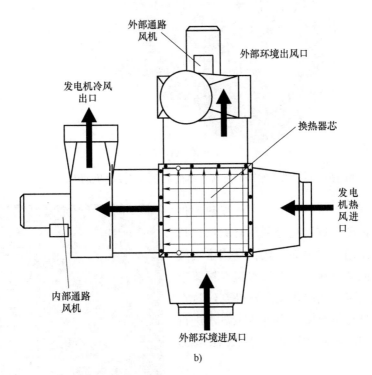

b)

图 3-37　内转子永磁发电机的冷却

a）冷却风路　b）循环换热回路

为防止雨水与灰尘进入发电机内部，发电机转子上装有挡风板，发电机定子端盖上装有挡雨罩，另外在转子上装有内迷宫环，与端盖上的外迷宫环构成迷宫结构，作用是增加风阻，阻挡雨水及灰尘进入发电机内部。

3. 外转子永磁风力发电机内部结构

图 3-38 所示是采用水冷的外转子多极永磁同步发电机内部机构，发电机机壳为转动部件，永磁磁极安装在机壳内表面。转子通过轴承安装在锥形支撑上，锥形支撑上装有定子支架，发电机绕组和铁心安装在定子支架上。

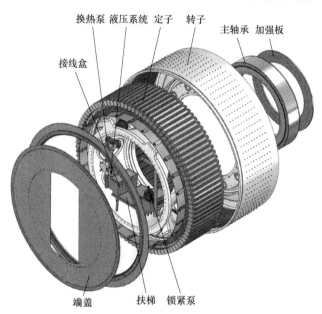

图 3-38　采用水冷的外转子多极永磁同步发电机的内部结构

外转子多极永磁发电机由于发热部件在发电机内部，难以充分利用自然风进行冷却，故采用空水冷却方式，在定子支架与铁心中间装有铜管，冷却水流经铜管带走发电机热量，热水在发电机外部经过空水冷却器进行热交换，用自然风对水进行冷却。空水冷却水管的安装如图 3-39 所示。

图 3-39　空水冷却水管的安装

4. 磁极结构

大型永磁发电机多用表面式磁极结构，将永磁体贴敷在转子铁心表面，构成磁极，永磁体的磁化方向为径向。

（1）内转子磁极结构

内转子磁极结构有凸出式和插入式两种形式，如图 3-40 所示。当应用于较高转速时，为了保证永磁体在磁力和离心力的作用下足够牢固和不发生位移，需要采取必要的紧固措施，即加装了非磁性套筒的表面式磁极结构，如图 3-40c 所示。表面式磁极结构制造工艺简单，在永磁风力发电机中被广泛应用。图 3-41 为多极永磁同步发电机的永磁体安装方式。磁极的固定应用不导磁螺钉，也可用厌氧胶黏结。由于钕、铁元素易于氧化，常采用镀膜保护。最好的方法是用环氧树脂封灌。环氧树脂应与发电机的温控要求相适应。

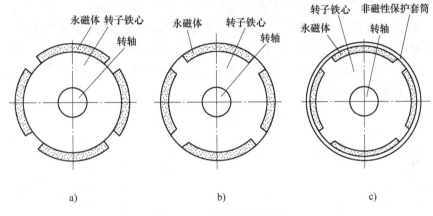

图 3-40　表面式磁极结构

a) 凸出式　b) 插入式　c) 带保护套筒

（2）外转子磁极结构

图 3-42 所示为外转子永磁发电机剖面。永磁体沿圆周安装在转子铁心内侧，受离心力的影响，使其牢固地结合在转子铁心上。

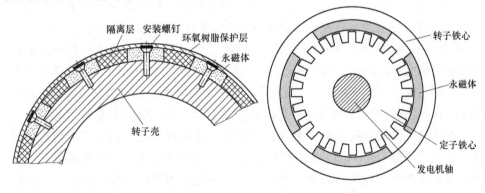

图 3-41　多极永磁同步发电机的永磁体　　图 3-42　外转子永磁发电机剖面
　　　　　安装方式磁极结构

永磁发电机的优点是转子上没有励磁绕组，因此无励磁绕组的铜损耗，发电机的效率高；转子上无集电环，运行更为可靠；缺点是难以用调解磁场的方法控制输出电压和功率因数。在直驱型风力发电机组中，永磁发电机的磁极对数往往很多，质量也较大。所以这样会导致单位功率质量比下降。

三、同步发电系统变流器

1. 常用变流器拓扑结构

（1）不可控整流+Boost+PWM（见图3-43）

将低速发电机发出的频率、幅值变化的交流电整流之后变为直流电，由Boost电路升压，再经过三相逆变器变换为三相恒频交流电连接到电网。通过中间电力电子变化环节，对系统有功功率和无功功率进行控制，实现最大功率跟踪，最大效率利用风能。

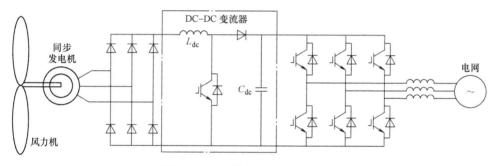

图3-43　不可控整流+Boost+PWM

图3-43中的DC-DC变流器为Boost电路，其输入侧有储能电感，可以减小输入电流纹波，防止电网对主电路的高频瞬态冲击，对整流器呈现电流源负载特性；其输出侧有滤波电容，可以减小输出电压纹波，对负载呈现电压源特性。利用Boost电路在斩波的同时，还实现功率因数矫正的目标，包括如下两个方面：①控制电感电流，使输入电流正弦化，保证其功率因数接近1，并使输入电流基波跟随输入电压相位。②当风速变化时，不可控整流得到的电压也在变化，而通过DC-DC变流器的调节可以保持直流侧电压的稳定，使输出电压保持恒定。

并网逆变器需要满足两个要求：①相电流要接近正弦，相电流与相电压同相，使功率因数等于1，以减少输送到电网的谐波含量。满足有关电磁兼容的要求；②稳定直流侧电压。因此，并网逆变器采用由IGBT构成的PWM变流器。在风力发电系统中，作为并网逆变器的PWM变流器是工作在逆变运行工况，将能量从PWM变流器的直流侧传输到交流侧。图3-43中，每个开关管上都反并联一个二极管，起着续流的作用。交流侧的电感的作用在于：①有效地抑制了输出电流的过分波动；②起着滤波的作用，将开关动作所产生的高频电流成分滤除；③由于输出电感的存在，输出电流的基波分量在其上产生一个电压降，这样，变流器的输出电压的基波和电网电压之间将产生一个位移量，通过 PWM 控制开关管使变流器的输出电压满足理想的矢量关系，这样在理论上可以实现功率因数等于 1 的要求。

（2）半控整流+Boost+PWM（见图 3-44）

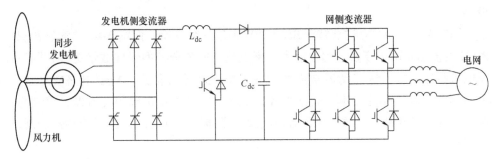

图 3-44 半控整流+Boost +PWM

由发电机侧变流器、直流环节和电网侧变流器组成。发电机侧和电网侧结构并不相同，发电机侧变流器为晶闸管全桥半控整流，并通过直流环节与电网侧变流器直流端相连，电网侧变流器为两电平的直-交型变流器。这种拓扑结构具有可控整流、有效保护直流侧过载等优点，缺点是需要与励磁电流可调的风力发电机配合使用才能够保证在不同转速条件下的最大功率输出，且不能实现能量的双向流动。

（3）背靠背双 PWM 变流器（见图 3-45）

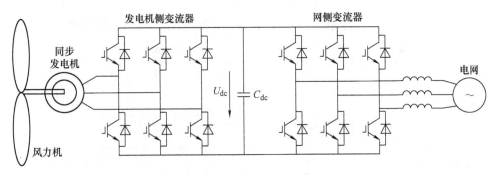

图 3-45 背靠背双 PWM 变流器

发电机定子通过背靠背变流器和电网连接，发电机侧 PWM 变流器通过调节定子侧的电流，控制发电机的电磁转矩和定子的无功功率（无功功率设定值为 0），使发电机运行在变速恒频状态，额定风速以下具有最大捕获风能能力；网侧 PWM 变流器通过调节网侧的电流，保持直流侧电压稳定，实现有功功率和无功功率的解耦控制，控制流向电网的无功功率，通常运行在单位功率因数状态。

此外网侧变流器还要保证变流器输出的 THD（总谐波失真）尽可能小，以提高注入电网的电能质量。这种拓扑结构的通用性较强，双 PWM 变流器主电路完全一样，控制电路和控制算法也非常相似。两侧变流器都使用基于 DSP 的数字化控制，采用矢量控制，控制方法灵活，可以实现对发电机调速和发电质量控制。

图 3-43 所示的不可控整流+Boost+PWM 是三级变换，而图 3-45 的背靠背双 PWM 变流器是两级变换。因而后者效率更高，但是全控型器件数量更多，同时发电机侧变流器矢量控制通常需要检测发电机转速等信息，控制电路较复杂，因而具有相对较高的成本。而不可控整流+Boost+PWM 构成的变流器，控制简单，实现相对容易，可靠性高，方便实现永磁同步发电机的无速度传感器控制，从而节约了成本。

为了满足风力发电对高压、大功率和高品质变流器的需求，多电平变流技术得到广泛关注。变流器采用多电平方式后，可以在常规功率器件的耐压基础上，提高电压等级，获得更多级（台阶）的输出电压，使波形更接近正弦。谐波含量少，电压变化率小，并获得更大的输出容量。多电平变流器的具体电路拓扑大体可以分为：二极管钳位型、飞跨电容型、级联 H 桥型、混合钳位型、以及其他一些派生拓扑等。但是随着电平数的增多，钳位器件的数目也会增多，导致系统的实现比较困难，因此在大功率场合，以三电平、五电平变流器应用居多。这里介绍几种典型结构。

（4）二极管钳位型多电平变流器

一种适合于风力发电系统的 Boost 斩波三电平变流器如图 3-46 所示。这种结

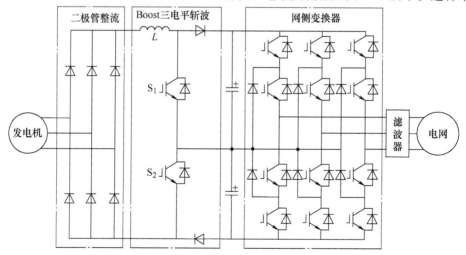

图 3-46　Boost 斩波三电平变流器

构中，发电机侧的相关控制可通过 Boost 三电平斩波器实现。相比于普通的 Boost 斩波器，Boost 三电平斩波器的电感电流波纹较低，从而减小了发电机的转矩脉动；功率器件承受的电压应力较小，因此可以提高发电机的输出电压，进而增大变流器的容量；相同电感电流的情况下，开关频率为普通 Boost 斩波器的一半，因此开关损耗较少。此外，通过控制斩波器中两个功率器件信号间的相位差，还可以平衡网侧三电平变流器直流侧中性点电位。网侧的二极管钳位型三电平变换器技术成熟、应用广泛，虽然有直流侧中性点电位不平衡问题，但可通过改进调制算法加以解决。

（5）飞跨电容型多电平变流器（见图 3-47）

这种变流器电平合成的自由度和灵活性高于二极管钳位型多电平变流器。飞跨电容型多电平变流器的优点是开关方式灵活，对功率器件保护能力强；既能控制有功功率，又能控制无功功率。缺点是需要大量存储电容，造价较高；系统控制复杂，器件的开关频率和开关损耗大；同二极管钳位型多电平变流器一样，也存在导通负载不一致的问题。

2. 变流器的控制策略

变速恒频发电系统的一个主要特点就是发电机转速跟随风速的变化而变化，要保证并网侧的恒频恒压输出，必须从发电机的结构型式、电磁关系入手，制定变流器控制策略。适用于变速恒频发电系统的控制策略有矢量控制（VC）、直接转矩控制（DTC）、直接功率控制（DPC）等，最常用的是矢量控制。

矢量控制的基本思想是对每个电磁空间矢量 V_j（电流、电压和磁链等）进行坐标变换，从静止三相 abc 坐标系转换到静止两相 α-β 坐标系中（见图 3-48），再通过同步旋转变换从静止的 α-β 坐标系转换到旋转的 d-q 坐标系中（见图 3-49），实现了定子磁链分量与转矩电流分量的解耦，从而达到对交流电机的磁链与电流分别控制的目的。这样一来，交流发电机可以等效为直流发电机，控制转矩电流，获得与直流发电机同样优良的静动态性能。

这里以背靠背双 PWM 变流器为例介绍直驱发电系统变流器的控制策略。

（1）机侧变流器的控制

机侧变流器的控制目的是实现发电机有功功率和无功功率的调节。同步发电系统机侧变流器的控制常采用转子磁链定向。即将转子磁链方向定为同步坐标系 d 轴，如图 3-50 所示。

图 3-50 中，e_{d1} 和 e_{q1} 为定子电动势 d、q 轴分量，E_1 为空载电动势；i_{d1} 和 i_{q1} 为定子电流 d、q 轴分量；Ψ_f 为转子磁链。$\theta = \omega t$ 为转子位置角，ω 为转子电角频率。

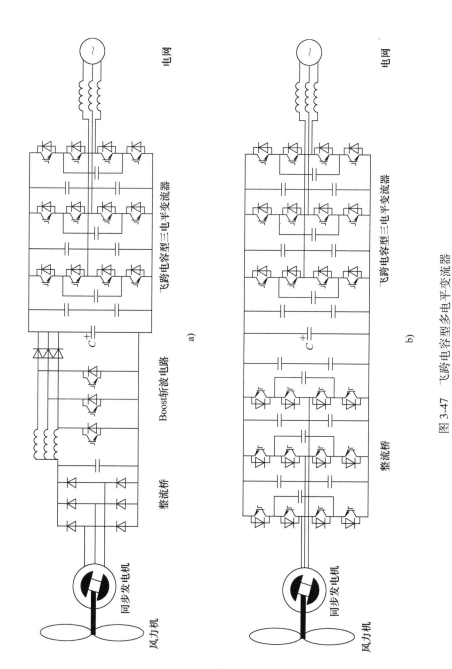

图 3-47 飞跨电容型多电平变流器
a）飞跨电容逆变型 b）背靠背飞跨电容型

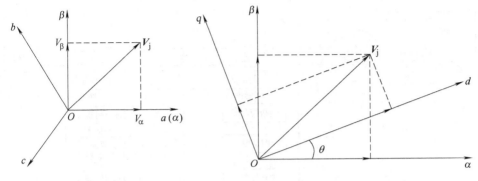

图 3-48 静止两相坐标系间关系   图 3-49 静止-旋转坐标系间关系

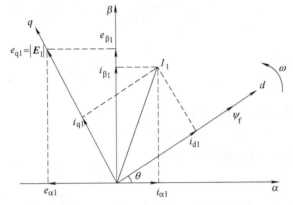

图 3-50 α-β 和 d-q 坐标系下同步发电机向量图

通过空间坐标矢量变换和转子磁链定向，可以得到定子有功功率 P_1 只与定子电流 q 轴分量 i_{q1} 有关，无功功率 Q_1 只与定子电流 d 轴分量 i_{d1} 有关。这就实现了有功功率和无功功率的解耦控制。

机侧变流器的控制框图如图 3-51 所示，功率控制环为外环，电流控制环为内环。通过外环功率调节器获得定子电流期望值，通过内环电流调节器获得定子电压期望值，两个调节器均采用 PI（比例加积分）线性控制器。经过控制算法，给出定子电流、电压 d、q 轴分量，经过旋转坐标系变换后，转换为静止坐标系下 a、b、c 分量，再经过 SPWM 输出。这样，通过调节有功功率保证输送到直流母线上的功率保持期望值。通过调节无功功率保证输出功率因数接近于 1。在图 3-51 中，右上角标 "＊" 表示期望值（或称参考值）。

（2）网侧变流器的控制

网侧变流器的控制目的是实现交流侧单位功率因数和直流环节电压稳定。网侧变流器的矢量控制常采用电网电压定向。即将电网电压空间矢量 E 的方向

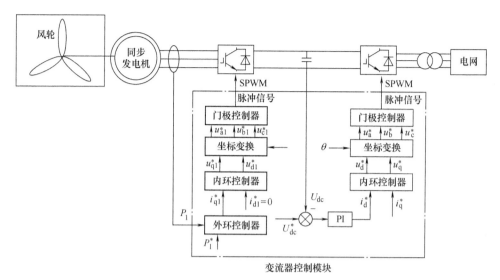

图 3-51 机侧变流器的控制框图

定为同步坐标系 d 轴，如图 3-52 所示。图 3-52 中，i_d、i_q 对应网侧电流中的有功和无功分量。网侧变流器的控制框图也如图 3-51 所示。

四、发电系统保护电路

对于直驱型发电系统，当电网电压跌落时，由于变流器热容量有限，输出功率受到限制，变桨距等调节措施通常响应较慢，造成变流器输入、输出功率不平衡，导致直流侧电压上升，需采取过电压保护。

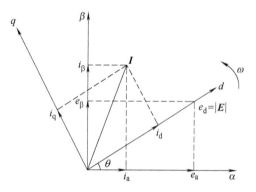

图 3-52 α-β 和 d-q 坐标系下网侧电压、电流向量图

1. 定子侧保护电路

图 3-53 是发电机定子侧增加旁路电阻的保护电路，旁路电阻通过交流开关与定子侧连接。当电网电压跌落时，变流器输入的功率发生过剩，通过交流开关投入定子侧旁路电阻，消耗掉多余的能量，使变流器输入和输出功率保持平衡，实现故障状态下风力发电系统的正常运行；当故障恢复后，快速切除旁路电阻，使风力发电系统迅速恢复对电网的正常供电。

2. 电网侧保护电路

图 3-54 是电网侧采用交流开关的保护电路，变流器输出直接给负载供电，

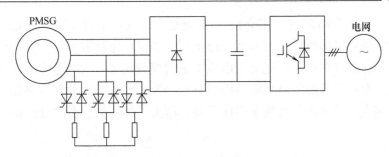

图 3-53 发电机定子侧增加旁路电阻的保护电路

负载功率与风力发电系统功率相匹配,可以独立构成一个微网供电系统。在电网和负载之间,接入三相静态交流开关,负载可以选择对电网电压跌落等故障敏感的设备,由交流开关实现并网运行和微网运行之间的平滑转换。当电网电压正常时,负载所需的功率基本由风力发电机组供给,多余的功率可以送入电网,风力发电功率不足时可以由电网补充。当电网电压跌落时,交流开关开路,断开敏感负载与电网的连接;负载与电网隔离期间,风力发电系统负责负载的电压调节,即处于微网运行状态,使敏感负载不会受到电压跌落的影响;一旦电网电压恢复正常,交流开关重新闭合,风力发电系统从微网运行转换回并网运行。这种方案提供了一种新的应对电网故障的保护策略,增加的硬件电路很少,成本较低;缺点是选择的负载必须能够与风力发电设备构成微网系统,控制策略要兼顾并网和微网两种运行状态,并能平滑切换。

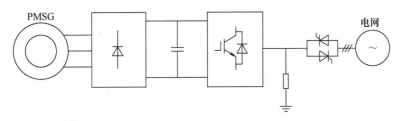

图 3-54 电网侧采用交流开关的保护电路

3. 直流侧保护电路

在直流侧增加保护电路是目前最常用的一种方式,如图 3-55 所示。图 3-55a、b 是直流侧增加卸荷负载的保护电路,其中前者的卸荷电阻通过功率器件与直流侧连接,后者的卸荷电阻通过 Buck 电路与直流侧连接。系统正常工作时,保护电路不起作用,当发生电压跌落时,直流侧输入功率大于输出功率,此时投入卸荷电阻,消耗直流侧多余的能量,使电容电压稳定在一定范围内。使用卸荷负载时,多余的能量纯粹被消耗掉,需要使用大量的负载并提供散热,但是可靠性较高,因此在目前实际系统中有应用。为克服图 3-55 中前两种电路的缺点,

图 3-55c 增加了储能装置（ESS），采用能量可以双向流动的 DC/DC 变换器，能量存储设备可以选用蓄电池或者超级电容。当电网电压跌落时，多余的能量存储在能量存储设备中，在直流侧电压不足时释放出来，为电容充电，同时可以利用能量存储设备的能量为电网提供有功功率。这种方式的优点是能量可以再利用，缺点是需要额外的能量存储设备，增大了结构的复杂程度，提高了系统的成本。

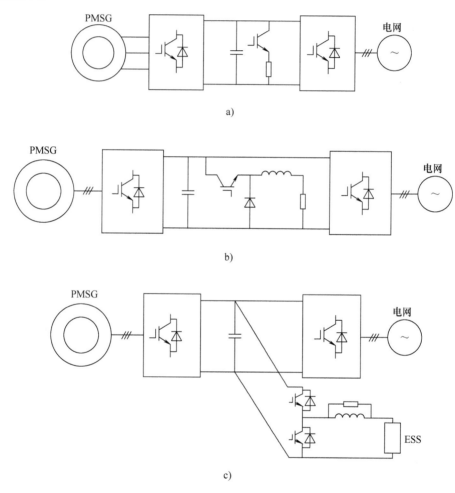

图 3-55　直流侧保护电路

a）通过功率器件直接与电阻连接　b）通过 Buck 电路与电阻连接

c）增加了能量存储设备

4. 辅助变流器保护电路

电网电压跌落时，对变流器的主要影响是过电流和直流侧电压上升，因此可以在直流侧和电网之间增加辅助变流器，实现保护功能。图 3-56 是采用辅助变流器的保护电路，图 3-56a 采用并联辅助变流器，图 3-56b 采用串联辅助变流器。并联辅助变流器在电网正常时不参加工作，发生电压跌落等故障时，网侧变流器采用的 IGBT、IGCT（集成门极换向晶体管）等功率器件所能承受的过电流有限，而辅助变流器采用 GTO 等通流能力较强、成本相对较低的器件，可以承受较大的有功电流，因而在电网电压较低时，变流器可以输出较大的电流，使输出功率与故障前保持一致，保证直流侧的功率平衡。电网电压恢复正常后，关闭辅助变流器，使网侧变流器恢复正常输出。这种方式必须根据电网电压允许跌落的深度，确定辅助变流器的电流等级，当电压跌落较多时，需要辅助变流器的容量也较大。另外，由于 GTO 等器件开关速度较慢，在故障期间会产生一定的谐波注入电网。

故障期间采用并联变流器较容易实现向电网注入电流，但需要较大的有功电流，而串联补偿仅需要相对较小的有功电流，图 3-56b 中，附加的电压源型变流器（VSI）输入侧与直流母线连接，输出侧通过变压器串入电网，在电压跌落发生时，可以通过在电网电压上串联一个补偿电压，把直流侧的能量馈入电网，提高网侧变流器的功率输出。为保证输出电压波形接近正弦波，串联型辅助 VSI 电路结构通常与网侧变流器一致，采用 IGBT 等全控型功率器件，但是功率等级

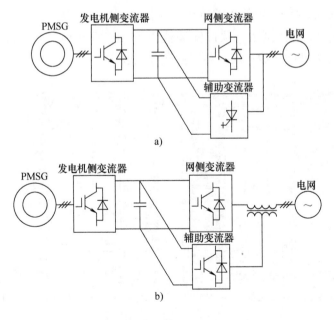

图 3-56 增加辅助变流器的保护电路

a）并联辅助变流器 b）串联辅助变流器

比网侧变流器要小，这种方式具有较好的补偿性能和较快的响应速度，但是成本较高，控制也比较复杂。

五、同步发电系统的软并网

风力发电机的并网直接影响到风力发电机能否向电网输送电能以及机组是否受到并网时冲击电流的影响，实现并网必须满足以下条件：①系统输出的电源相序与电网汇流排相序一致；②电压的有效值与电网汇流排的有效值相等或接近相等（电压差小于 10%）；③频率与电力系统电源频率基本相等（频率差不能超过 0.5~1Hz）；④电压相位与电力系统电源电压相位相等（相位差小于 10°）；⑤波形相同，同为正弦波。

软并网是目前风力发电系统的一个重要技术，采用软并网技术可以很好地保护电网和控制系统。同步发电系统可以通过网侧逆变器实现几乎无冲击并网。通过采样得到电网电压的幅值、频率和相位，在折算到升压变压器的低压侧并考虑到线路的电感和电阻对其进行修正，可以得到网侧逆变器的目标电压，调节逆变器的输出达到软并网条件后进行并网。

六、电气柜

图 3-57 所示是一台电气柜的例子。包括并网柜、功率柜（功率柜包括电控器柜和主电路柜）、控制柜，顶部安装撬棒单元。打开柜门，并拆下金属防护罩，可见系统内部的机械布局。各器件名称见表 3-1。

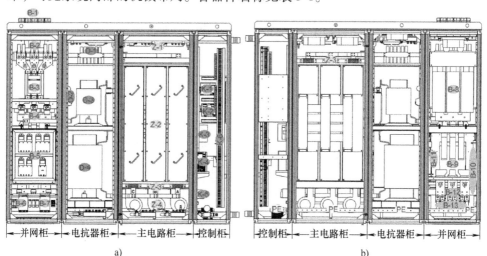

图 3-57　电气柜

a）正视图　b）后视图

表 3-1　柜体内各器件名称

柜别	件号	名　称	柜别	件号	名　称
并网柜	B-1	发电机定子电缆进线防水端子	电抗器柜	D-1	磁环
	B-2	发电机定子电缆接线端		D-2	直流侧放电单元
	B-3	机侧接触器		D-3	LCL 单元网外侧水冷电抗器
	B-4	机侧熔丝		D-4	LCL 单元网内侧水冷电抗器
	B-5	电压检测电路	主功率柜	Z-1	轴流风扇
	B-6	SPD 单元		Z-2	功率模块（相模块）
	B-7	保护熔断器		Z-3	电流传感器
	B-8	du/dt 滤波电抗器		Z-4	离心力风扇
	B-9	并网断路器	控制柜	K-1	控制电路直流电源
	B-10	软起动单元		K-2	控制电路直流电源
	B-11	du/dt 滤波单元水冷电阻及电容器		K-3	EMI 滤波单元
	B-12	电网电源接线端		K-4	不间断（UPS）电源
	B-13	LCL 单元交流滤波电容		K-5	加热器
				K-6	控制柜推拉面板

第六节　基于双馈发电机的发电系统

　　基于双馈发电机的发电系统由双馈发电机、变流器柜、并网柜和变压器等组成，如图 3-58 所示。其中，双馈发电机和变流器是发电和并网的核心部件。双馈发电机的定子直接连接在电网上，转子绕组通过集电环经变流器与电网相连，通过控制转子电流的频率、幅值、相位和相序实现变速恒频控制。为实现转子中能量的双向流动，常用的变流器是正弦波脉宽调制双向变流器。并采用微机控制。变流器柜中包括变流器、保护电路、滤波器和接触器等；并网柜（又称开关柜）中包括进线出线母排、定子断路器、辅助电源变压器、定子电流互感器、总电流互感器、变流器输入熔断器和继电器等。

一、双馈发电机

1. 基本结构

　　在一定工况下，双馈发电机的定子、转子都可以向电网输送能量，故称为"双馈"发电机。由于双馈发电机是由转子提供交流励磁，所以也称为交流励磁发电机。图 3-59 为双馈发电机外形和剖面结构。双馈发电机的基本电路如图 3-60

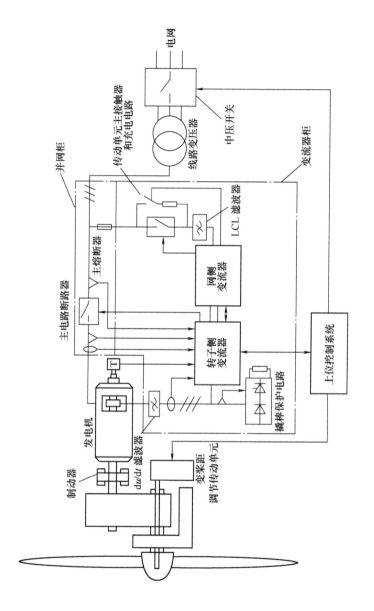

图 3-58 基于双馈发电机的发电系统

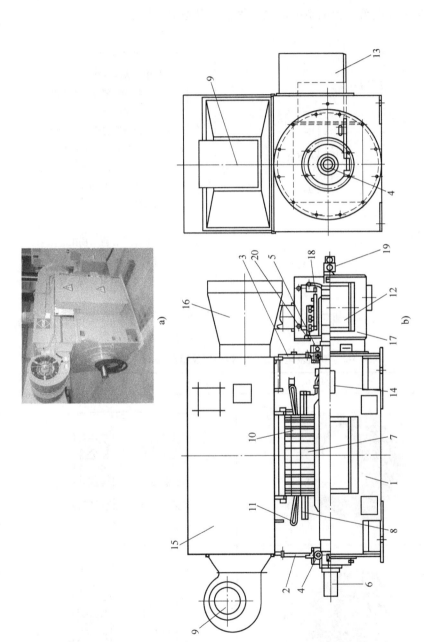

图 3-59 空-空冷却双馈发电机

a）外形 b）剖面结构

1—机座 2—前端盖 3—后端盖 4—接地电刷 5—轴承 6—转轴 7—转子铁心 8—转子线圈 9—冷却风机 10—定子铁心 11—定子线圈 12—转子接线柱 13—定子接线盒 14—辅助接线盒 15—空-空冷却器 16—冷却器出口 17—转子接线盒 18—集电环 19—编码器 20—刷架系统

和转子防雷击装置

所示。各零部件的构造和功能如图 3-61 所示。

表 3-2 为双馈发电机定子、转子以及槽型结构。发电机定子和转子之间有气隙，为了减少励磁电流、提高电机的功率因数，气隙通常较小。

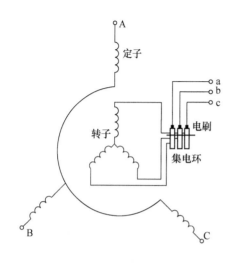

图 3-60 双馈发电机的基本电路

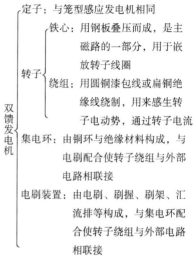

图 3-61 各零部件的构造和功能

双馈发电机

定子：与笼型感应发电机相同

转子：
铁心：用钢板叠压而成，是主磁路的一部分，用于嵌放转子线圈
绕组：用圆铜漆包线或扁铜绝缘线绕制，用来感生转子电动势，通过转子电流

集电环：由铜环与绝缘材料构成，与电刷配合使转子绕组与外部电路相联接

电刷装置：由电刷、刷握、刷架、汇流排等构成，与集电环配合使转子绕组与外部电路相联接

表 3-2 双馈发电机定子、转子以及槽型结构

零件	实　物	槽　型
定子		
转子		

图 3-62 所示为集电环和电刷装置。

图 3-62 集电环和电刷装置

2. 运行状态

由于外部条件的不同，双馈电机可以有 4 种运行状态，如图 3-63 所示。

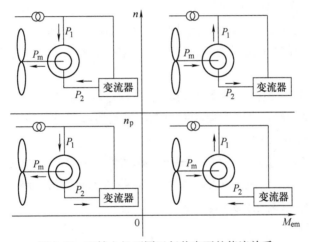

图 3-63 双馈电机不同运行状态下的能流关系

在图 3-63 中，P_m 为轴上的机械功率，P_1 为定子有功功率，P_2 为转子有功功率。双馈电机的有功功率的平衡表达式为

$$P_1 + P_{Cu1} = \frac{1}{s}(P_2 - P_{Cu2}) \qquad (3-8)$$

式中 P_{Cu1}——定子铜耗；

P_{Cu2}——转子铜耗。

当 $P_2 = 0$ 时，可由式（3-8）得到临界转差率为

$$s_p = -\frac{P_{Cu2}}{P_1 + P_{Cu1}} \qquad (3-9)$$

一般转子侧采用电动机惯例,所以当 $s_p < s < 1$ 时,$P_2 > 0$,有功功率从电网流向电机转子;当 $s < s_p$ 时,$P_2 < 0$,有功功率从电机转子流向电网。当 $s = s_p$ 时,电网和电机转子之间没有有功功率的交换。显然,当双馈电机为发电机时,s_p 值为很小的负数,转子有功功率的性质和临界转差率 s_p 密切相关。

同时,定义与临界转差率对应的转速为临界转速:

$$n_p = (1 - s_p)\frac{60 f_1}{p} \tag{3-10}$$

忽略定子、转子铜耗,从式(3-8)可得 $P_2 = s P_1$,故 P_2 又称转差功率,且有 $s_p = 0$,$n_p = n_1$。

由以上分析可知,图 3-63 所示双馈电机 4 种运行状态为:

1)转子运行于亚同步速的电动状态($s_p < s < 1$):在这种电动运行状态下,电磁转矩为拖动性转矩,机械功率由电机输出给机械负载,转差功率回馈给转子外接电源,如图 3-63 左下所示。

2)转子运行于亚同步速的定子回馈制动状态($s_p < s < 1$):电磁功率由定子回馈给电网,机械功率由风力机输入电机,电磁转矩为制动性转矩,如图 3-63 右下所示。

3)转子运行于超同步速的电动状态($s < s_p$):电磁功率由定子输给电机,机械功率由电机输给负载,转差功率由电网输给负载,电磁转矩为拖动性转矩,如图 3-63 左上所示。

4)转子运行于超同步速的定子回馈制动状态($s < s_p$):电磁功率由定子回馈给电网,机械功率由风力机输入电机,转差功率回馈给电网,电磁转矩为制动性转矩,如图 3-63 右上所示。

3. 功率流程

根据上述分析,可得出图 3-64 所示的双馈发电机有功功率流程图。

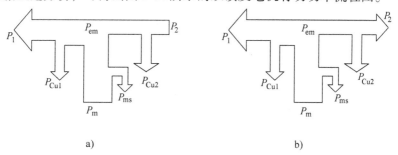

a)   b)

图 3-64 双馈发电机的有功功率流程图

a) $s_p < s < 1$ b) $s < s_p$

图 3-64 中，图 3-64a）表示当 $s_p < s < 1$ 时，即发电机转速小于临界转速时有功功率流程图；图 3-64b）表示当 $s < s_p$ 时的发电机有功功率流程图，即发电机转速大于临界转速时有功功率流程图。P_{em} 表示电磁功率，P_{ms} 表示机械损耗和铁耗。

4. 双馈发电机的调节特性

（1）转速调节特性

双馈发电机除了励磁电流的幅值可调外，励磁电流的频率和相位也可调，所以在控制上更加灵活，可以通过改变励磁电流的频率来改变发电机的转速，以达到调速的目的，从而实现变速恒频运行。

双馈发电机在一般状态下是异步运行的。异步发电机中定、转子电流产生的旋转磁场始终是相对静止的，只有这样，才能产生恒定的平均电磁转矩。由式（3-4）可得：

$$n_1 = n + sn_1 \tag{3-11}$$

电机中定、转子电流产生的旋转磁场相对静止的条件是：

$$f_1 = \frac{p}{60}n \pm f_2 \tag{3-12}$$

式中 f_1——定子电流的频率，单位为 Hz，$f_1 = pn_1/60$；

p——发电机的极对数；

n——转子的转速，单位为 r/min；

f_2——转子电流的频率，单位为 Hz。

式（3-12）中，$n > n_1$ 时取"$-$"号，$n < n_1$ 时取"$+$"号。由式（3-11）和式（3-12）可得 $f_2 = |s| f_1$，故 f_2 又称为转差频率。

由式（3-12）可知，当发电机转子转速 n 发生变化时，若调节转子电流频率 f_2，使其相应的变化，可使 f_1 保持恒定不变，即可实现双馈发电机的变速恒频控制。

（2）有功、无功功率调节特性

双馈发电机正常运行时，如果有功、无功功率发生改变，必然导致发电机内部各物理量的过渡过程，通过对双馈发电机有功、无功调节时内部物理过程的分析，可了解其物理本质。

1）有功调节：双馈发电机定子的有功功率中，由定子电压大小和转差率确定的异步功率分量，在发电机正常运行时是不变的，是不可控分量。而在双馈发电机正常运行时，同步功率分量是可控分量，由于同步功率分量既与定、转子电压大小有关，同时也与定、转子电压的相位差 α 有关，因此控制转子励磁电压的大小和相位，就能实现其有功的调节。稳态时，控制 α 的实质是控制转子磁场的位置，动态过程中，由于 α 的可控，可使转子磁场的位置可控，通过对 α 的控制，即使电机的转速发生变化，转子磁场位置也可保持不变，因此可按需要控制其有功大小。

当励磁电压频率、大小和相位都不变时，增大风力机的有功输出，双馈发电机的过渡过程如图 3-65 所示，设变化前双馈发电机稳定运行在 a（有功运行点）、a'（无功运行点）点，a、a'点对应定子输出有功、无功为 P_{1a}、Q_{1a}，此时电磁转矩与风力机的拖动转矩相平衡。如果忽略损耗，风力机的输出功率也等于 P_{1a}，现增大风力机的输出功率到 P_{1b}，则拖动转矩大于电磁转矩，转子加速，虽然

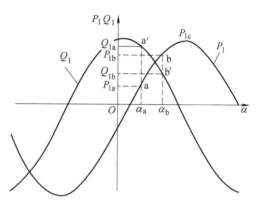

图 3-65 双馈发电机的过渡过程

此时励磁电压的相位没有变，但因转子速度增加，α 也将增大，从而使得发电机的同步功率分量增大。当 $\alpha=\alpha_b$ 时，电磁转矩与风力机的拖动转矩再度平衡，由于此时转子速度大于原稳定运行的速度，因而 α 将继续增大。但当 $\alpha>\alpha_b$ 时，电磁转矩将大于拖动转矩，转子又将减速，这时电机将围绕 b 点进行振荡，但因在振荡过程，转速的改变而产生的异步附加功率，具有阻尼作用，最后电机将在新的平衡点 b、b'点稳定运行。对于 b、b'点有

$$P_{1a}<P_{1b}, \quad \alpha_a<\alpha_b, \quad Q_{1a}>Q_{1b}$$

如果继续增大风力机的输出，则 α 将进一步增大，其定子有功也将增大，但如果风力机的输出大于 P_{1c}，则双馈发电机由于其同步功率分量将随 α 的增加而减小，从而使得其转子转速继续增大，最终导致发电机失去稳定。

以上分析表明，双馈发电机在励磁电压频率、大小及相位不变的前提下，调节有功，有功增大，无功减少，当有功超过其最大功率时电机将失去稳定。但双馈发电机励磁电压大小、相位、频率都可控，当采用自控方式时，其励磁电压的频率可自动跟随发电机转速的变化，因而采用适当的控制策略，可以通过控制励磁电压的大小和相位改变其 α 的大小，使其在调节过程中满足风力机出力和负载变化的需要，从而提高双馈发电机的动态响应速度和系统的稳定性。

2）无功调节：如果双馈发电机不改变励磁电压的相位，而只改变励磁电压的大小，其无功调节的过渡过程如图 3-66 所示。设双馈发电机稳定运行在 a（有功运行点），a'（无功运行点）点，此时有功、无功、α 分别为 P_{1a}、Q_{1a}、

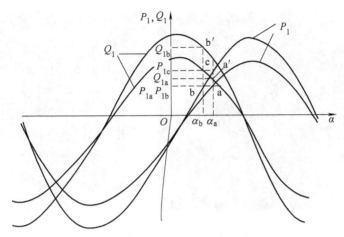

图 3-66 无功调节的过渡过程

α_a，如果增大励磁电压，则双馈发电机的有功运行点将从 a 点变为 c 点，由于 $P_{1c}>P_{1a}$，电磁转矩大于拖动转矩，转子减速，α 减小，并经过一定的过渡过程后稳定运行在 b 点，而无功运行点从 a′点运行到 b′点，此时

$$P_{1a} = P_{1b}, \quad \alpha_b < \alpha_a, \quad Q_{1a} < Q_{1b}$$

同样，如适当地控制励磁电压的大小、相位，可使双馈发电机能满足系统对发电机无功需求，且双馈发电机的无功调节是纯粹的电磁过程。

总之，双馈发电机可通过励磁电流的频率、幅值和相位的调节，实现变速运行下的恒频及功率调节。当风力发电机的转速随风速及负载的变化而变化时，通过励磁电流频率的调节实现输出电能频率的稳定；改变励磁电流的幅值和相位，可以改变发电机定子电动势和电网电压之间的相位角，从而实现有功功率和无功功率的调节。

由于这种变速恒频方案是在转子电路中实现的，流过转子电路中的功率为转差功率，一般只为发电机额定功率的 1/4~1/3，因此变流器的容量可以较小，大大降低了变流器的成本和控制难度；定子直接连接在电网上，使得系统具有很强的抗干扰性和稳定性。缺点是发电机仍有电刷和集电环，工作可靠性受影响。

5. 空-水冷却发电机

从冷却方式上看，双馈发电机有空-空冷却和空-水冷却两种。空-空冷却如图 3-59 所示。图 3-67 所示为空-水冷却双馈发电机。循环流动的冷媒流经发电机内部，通过风冷却器时得到冷却。

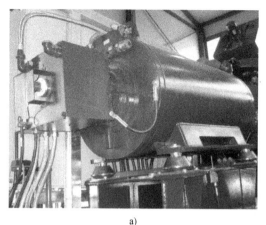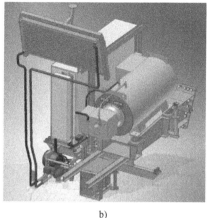

a)   b)

图 3-67 空-水冷却双馈发电机

a) 外形图   b) 原理图

二、双馈发电系统变流器

在双馈发电系统中，发电机转子绕组经变流器与电网实现电器连接，由电力电子器件组成的变流器把三相交流电的频率变换成与电网频率相同的频率，以便实现并网；同时，通过变流器进行有功、无功功率控制。

1. 背对背（Back-to-Back）两电平电压型 PWM 变流器

双馈式发电机组一般采用背对背两电平电压型 PWM 变流器，其拓扑结构如图 3-68 所示。图 3-68 中 u_a、u_b、u_c 为网侧变流器交流三相电网电压；i_a、i_b、i_c 为网侧变流器交流三相流入电流；L、R 分别为交流进线电抗器的电感和等效电阻；C 为直流环节的储能电容；U_{dc}、I_{dc} 分别是电容的电压和电流；I_d、I_{load} 分别是流经网侧变流器和转子侧变流器直流母线的电流；$L_{2\sigma}$、R_2 分别为转子一相绕组的漏感和电阻；e_{2a}、e_{2b}、e_{2c} 为转子三相绕组的反电势。

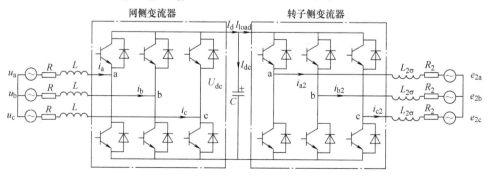

图 3-68 交-直-交型双向变流器

由图 3-68 可见，变流器的两个变换器主电路结构完全相同，在转子不同的能量流向状态下，交替实现整流和逆变的功能，因而分别称为网侧变流器和转子侧变流器。

网侧变流器和转子侧变流器均使用 IGBT 全桥电路，采用正弦脉宽调制技术，以便产生近似正弦的波形，变流器接在绕线转子与电网之间，用来进行转差功率变换。进行变速控制时，具有功率双向流动的功能。并可以在不吸收电网无功功率的情况下具备产生无功功率的能力。

网侧变流器的主要功能是实现交流侧输入单位功率因数控制和在各种状态下保持直流环节电压稳定，确保转子侧变流器乃至整个双馈发电机励磁系统可靠工作。转子侧变流器的主要功能是在转子侧实现有功功率和无功功率调节。两个变流器通过相对独立的系统完成各自的功能。

调节网侧变流器输出交流电压的幅值和相位就能使该变流器运行于几个不同的工作状态：①单位功率因数整流运行：此时能量由电网流入网侧变流器，从电网吸收的无功功率为零；②单位功率因数逆变运行：此时能量由网侧变流器流向电网，且电网和网侧变流器之间没有无功功率流动；③非单位功率因数运行状态：此时交流侧电流的基波与电网电压具有一定的相位关系。当交流侧电流为正弦波形，且与电网电压具有 90° 的相位差时，网侧变流器可作为静止无功发生器运行。另外，在网侧变流器非单位功率因数运行时，也可控制其电流为所需的波形和相位，作为有源滤波器运行。其中单位功率因数整流和逆变运行是变速恒频发电系统中网侧变换器的两个典型运行状态，由于功率因数可以做到为 1，所以减小了谐波以及谐波对电网的危害，这一点正是背靠背 PWM 变流器较其他变流器所具有的独特的优点，使得它成为变速恒频发电系统中的主流变流器。

背靠背 PWM 变流器的优点还有：它是常用的三相功率变换器，理论成熟，部件生产专业化，价格有竞争力；在网侧逆变器和转子侧逆变器间采用电容耦合，除了可以提供保护外，可以分别对两个逆变器进行独立控制和不对称补偿；背靠背 PWM 变流器的缺点是：直流母线上采用的大电容笨重、粗大，增加成本，同时影响整个系统寿命；开关损耗大；为防止电机绝缘体上出现高电压，引起轴承电流，需要使用输出平波电抗器，滤掉电压波峰。

当背靠背电压型 PWM 变流器进入稳定工作状态时，母线上的直流电压恒定，网侧变流器的三相桥臂按正弦脉宽调制规律驱动。当开关频率很高时，由脉宽调制基本原理可知，变流器的交流侧电压含有正弦基波电压和其他高次谐波电压。由于电感的滤波作用，高次谐波电压产生的谐波电流非常小，形成非常近似于正弦的输入电流。如果只考虑电流和电压的基波，从电网侧看，网侧变流器可看作是一个可控的三相交流电压源。

图 3-69 所示为变流器功率模块外形。

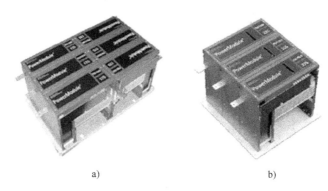

a)   b)

图 3-69　变流器功率模块外形

a）转子侧　b）网侧

2. 变流器控制策略

转子侧变流器的控制目的是通过改变励磁电流的幅值和频率实现发电系统有功功率和无功功率的调节。一般采用双闭环定子磁链定向矢量控制，如图 3-70 所示，功率控制环为外环，电流控制环为内环。通过外环功率调节器获得转子电流期望值，通过内环电流调节器获得转子电压期望值，两个调节器均采用 PI 线性控制器。经过控制算法，给定转子侧励磁电流、电压 d、q 轴分量，经过旋转

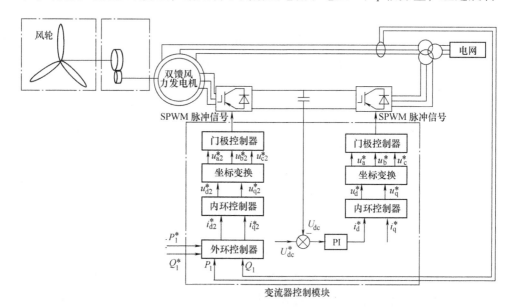

图 3-70　双馈发电机矢量控制

坐标系变换后，转换为静止坐标系下 a、b、c 分量，再经过 SPWM 输出。这样，可以使发电机定子有功功率和无功功率跟踪期望值。图 3-70 中，右上角标"*"表示期望值（或称参考值）。

通过空间坐标矢量变换和定子磁链定向，可以得到定子有功功率 P_1 只与转子励磁电流 q 轴分量 i_{q2} 有关，无功功率 Q_1 只与转子励磁电流 d 轴分量 i_{d2} 有关。这就实现了有功功率和无功功率的解耦控制。

网侧变流器的控制目的是通过电网电压定向矢量控制实现交流侧单位功率因数和直流环节电压稳定。

三、撬棒（Crowbar）保护电路

电网系统有时会出现瞬时短路，造成风力发电机组接入点发生电压跌落。而其中绝大多数的故障在继电器保护装置的控制下可能在短暂的时间（0.8s 以内）恢复，即重新合闸。在这短暂的时间内，电网电压大幅下降，风力发电机组必须在极短的时间内做出无功功率调整支持电网电压，以保证风力发电机组不脱网，避免出现局部电网内风电成分的大量切除导致系统供电质量恶化。另一方面，当电网短路故障发生时，将引起发电机转子电流增大，严重时将引起转子侧过电流或直流侧电容过电压。因此，要求机组有低电压穿越能力（LVRT），即风力发电机组端电压减低到一定值的情况下，能够继续维持并网运行的能力。因此，必须采取一定的保护措施，以防电压跌落等事故发生时造成器件的损坏。双馈型系统的保护电路有转子侧保护电路、定子侧保护电路和直流侧保护电路。

对于双馈发电系统，转子侧增加撬棒保护电路是最常用的方法，如图 3-71 所示。图 3-71a 是在二极管整流桥后采用 IGBT 和电阻构成斩波器，这种保护电路使转子侧变流器在电网故障时可以与转子保持连接，当故障消除后通过切断保护电路，使风力发电系统快速恢复正常运行，因此具有更大的灵活性。图 3-71b 是采用三相交流开关和旁边电阻构成的保护电路，为故障期间转子侧可能出现的大电流提供通路，采用这种电路，当电网电压跌落发生及恢复时，转子侧变流器可以与转子保持连接，并保持运行同步，当故障消除后，切除旁路电阻使系统快速恢复正常运行。其中旁路电阻的取值比较关键，既要避免变流器直流侧过电压，又要有效抑制转子侧过电流。

四、并网和脱网

采用双馈发电机，可以根据电网电压和发电机转速调节励磁电流，进而调节发电机输出电压来满足并网条件，因而可在变速条件下实现并网。目前，变

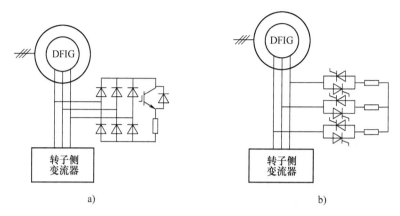

图 3-71 双馈型系统转子侧保护电路

a）二极管整流桥加可变电阻 b）三相交流开关加旁路电阻

速恒频风力发电机组的并网方式主要有空载并网、带独立负载并网等。

1. 空载并网方式

机组在自检正常的情况下，风轮处于自由运动状态。当风速满足起动条件且风轮正对风向，变桨距执行机构驱动叶片至最佳桨距角。当风力机带动发电机转至切入转速后，变桨距执行机构不断调整桨距角，将风力机空转转速保持在切入转速上。此时，机组主控系统若认为一切就绪，则发出命令给变流器，使之执行并网操作。变流器在得到并网命令后，首先以预充电回路对直流母线进行限流充电，在电容电压提高到一定程度后，网侧变流器进行调制，建立稳定的直流母线电压，而后转子侧变流器进行调制。在基本稳定的发电机转速下，交流励磁系统投入工作，调节双馈发电机的定子空载电压，使其与电网电压在幅值、频率及相位上相一致，在这样的条件下，闭合并网断路器，实现准同步并网。空载并网方式如图 3-72 所示。

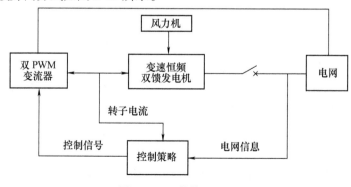

图 3-72 空载并网方式

这种策略很好地实现了定子电压控制，是一种较为理想的方案。在并网过程中，定子的冲击电流很小，转子电流也能够稳定过渡，实现了变速恒频双馈发电机组顺利并网。并网之后，系统切换到调速控制，调速性能良好。

2. 带独立负载并网

带独立负载并网方式如图 3-73 所示。并网前双馈发电机带负载运行，根据电网信息和定子电压、电流对双馈发电机进行控制，在满足并网条件时进行并网。带独立负载并网方式的特点是：并网前双馈发电机已经带有独立负载，定子有电流，因此并网控制所需要的信息不仅取自于电网侧，同时还取决于双馈发电机定子侧。

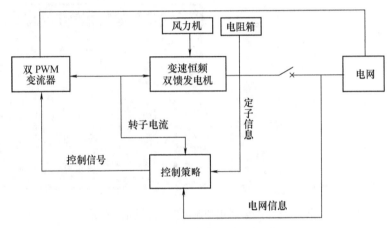

图 3-73　带独立负载并网方式

带负载并网方式发电机具有一定的能量调节作用，可以与风力机配合实现转速的控制，降低了对风力机调速能力的要求，但控制较为复杂。

上述两种并网方式的差别是并网前运行方式不同。对于空载并网方式，并网前发电机不带负载，不参与能量和转速的控制，为了防止在并网前发电机的能量失衡而引起转速失控，应由风力机控制发电机组的转速。对于带独立负载并网方式，并网前接有负载，发电机参与风力机的能量控制，表现在一方面改变发电机的负载调节发电机的能量输出；另一方面在负载一定的情况下，发电机转速的改变能改变能量在发电机内部的分配关系。前一种作用实现了发电机能量的粗调，后一种实现了发电机能量的细调。可以看出，空载并网方式需要风力机具有足够的调速能力，对风力机的要求较高；带独立负载并网方式需要发电机具有一定的能量调节作用，可与风力机配合实现转速的控制，降低了对风力机调速能力的要求，但控制复杂，需要进行电压补偿和检测更多的电压、电流量。由于空载并网控制易于实现，应用较多。

3. 脱网

对双馈风力发电机组脱网过程的要求也是过渡电流越小越好，以避免传动轴系的冲击。在得到脱网命令后，首先变桨执行机构逐步增大桨距角，减少风轮的机械功率，而后使机组沿工作特性逐渐下行，在达到转速时已接近空载，而后变流器脱网、断路器分闸、叶片顺桨。

五、电气柜

图 3-74 所示是 3MW 机组变流器柜和并网柜的外形。

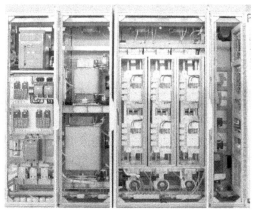

图 3-74 3MW 机组变流器柜和并网柜的外形

第四章
主传动与制动

本章介绍主传动与制动机构及其工作原理。不同形式的风电机组主传动与制动机构有很大差别，这里分别加以介绍。

第一节　带齿轮箱机组的主传动

风力发电机组主传动装置的功能是将风力机的动力传递给发电机。带齿轮箱风电机组的主传动装置主要由主轴、主轴承、齿轮箱、联轴器等部分组成，如图4-1所示。

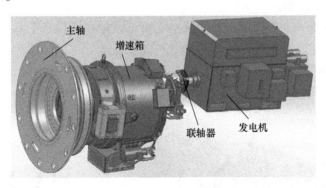

图4-1　主传动装置

一、几种整体布局

带齿轮箱的风力发电机组传动系统形式按主轴的支撑方式以及主轴与齿轮箱的相对位置来区分，主要有两点式、三点式、一点式和内置式4种。

1. 两点式

如图4-2所示，与风轮连接的主轴用两个轴承座支撑，其中靠近轮毂的轴承作为固定端，以便承受风轮的重力和推力；另一个轴承作为浮动端，以便主轴在温度变化引起长度变动时能够轴向移动，避免结构产生过大的涨缩应力，主轴末端与齿轮箱的输入轴通常用胀套联轴器连接。齿轮箱的扭力臂作为辅助支撑可以通过销轴弹性支座与机架相连接，也可通过弹性垫与机舱底座连接。使用弹性支座或弹性垫的目的是消振和减小噪声。这样除了扭矩以外，主轴不会将其他载荷传给齿轮箱。

有的风力发电机组将主轴的两个轴承座做成一体，这样可减少构件的数量，便于在机舱装配前，预先将主轴、轴承和支座，甚至包括变桨距机构进行组合，以减少机舱装配周期。

两点式布局让主轴及其轴承承受风轮的大部分载荷，减少风轮载荷突变对齿轮箱的影响，在传统的水平轴齿轮增速型的机组上应用较多，其稳定性优于其他几种布局形式。但由于轴系较长，增大了机舱的体积和重量。机组功率越大，随着主轴直径和长度的增大，机舱布置和吊装难度也随之加大。

2. 三点式

三点式布局实际上是在两点式的基础上省去一个主轴的轴承，由主轴前端轴承和齿轮箱两侧的支架组成所谓的三点式布局，既缩短轴向尺寸，又简化了结构，如图 4-3 所示。

主轴上只有一个前轴承，另外两个支撑点设置在齿轮箱上，主轴与齿轮箱的低速轴常采用胀套刚性联轴器连接。齿轮箱除承受主轴传递的扭矩以外，还要承受平衡风轮重力等形成的支反力，因此，必须适度提高齿轮箱的承载能力。通常在齿轮箱两个支点处加装减振弹性支座或垫块，以降低减轻振动，降低噪声水平。

图 4-2 两点式轴系布局

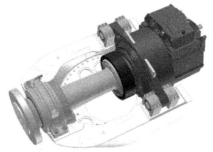

图 4-3 三点式轴系布局

3. 一点式

一点式布局不使用主轴，轮毂法兰直接通过一个大轴承支撑在机架上，通常轴承外圈与主机架连接，轴承内圈与齿轮箱输入轴连接，如图 4-4a 所示，风轮载荷通过轴承传递到机架上，转矩通过轴承内圈传递给齿轮箱。齿轮箱的输入轴不会因为弯曲力矩而产生变形，齿轮箱箱体两侧的扭矩臂作为辅助支撑，通过弹性支座或弹性垫与机架相连。另一种一点式布局方式如图4-4b所示，齿轮箱箱体与机舱支架做成一体，整个传动装置更为紧凑，但传动链的前轴承、齿轮箱和机座合一的机舱结构设计难度加大，并且对零部件的强度和性能都得提高要求。

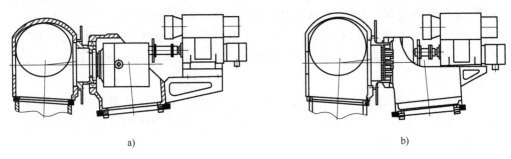

a)　　　　　　　　　　　　　　　　　　　b)

图4-4　一点式轴系布局

a）普通型　b）紧凑型

4. 内置式

内置式布局是指主轴、主轴承与齿轮箱集成在一起，主轴内置于齿轮箱内，主轴与第一级行星轮采用花键或过盈连接，风轮载荷通过箱体传到主机架上，如图4-5所示。这种传动方案的特点是结构紧凑，风轮与主轴装配方便，主轴承内置在齿轮箱中，采用的是集中强制润滑，润滑效果好，现场安装和维护工作

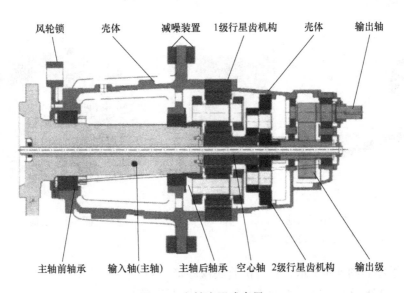

风轮锁　壳体　减噪装置　1级行星齿机构　壳体　输出轴

主轴前轴承　输入轴(主轴)　主轴后轴承　空心轴　2级行星齿机构　输出级

图4-5　主轴内置式布局

量小。但齿轮箱外形尺寸和重量大，制造成本相对较高。此外，风轮载荷直接作用在齿轮箱箱体上，对齿轮和轴承的运转影响较大。

二、主轴及主轴承

主轴安装在风轮和齿轮箱之间，前端通过螺栓与轮毂刚性连接，后端与齿轮箱低速轴连接，承力大且复杂。受力形式主要有轴向力、径向力、弯矩、转矩和剪切力，机组每经历一次起动和停机，主轴所受的各种力，都将经历一次循环，因此会产生循环疲劳。所以，主轴具有较高的综合机械性能。

主轴与齿轮箱低速轴连接有联轴器和法兰两种形式，根据受力情况主轴被做成变截面结构。在主轴中心有一个轴心通孔，作为控制机构通过或电缆传输的通道，如图4-6所示。

通常，主轴承（见图4-7）选用调心滚子轴承，这种轴承装有双列球面滚子，滚子轴线倾斜于轴承的旋转轴线。其外圈滚道呈球面形，因此滚子可在外圈滚道内进行调心，以补偿轴的挠曲和同心误差。轴承的滚道型面与球面滚子型面非常匹配。双排球面滚子在具有三个固定挡边的内圈滚道上滚动。每排滚子均有一个黄铜实体保持架或钢制冲压保持架。通常在外圈上设有环形槽，其上有三个径向孔，用作润滑油通道，使轴承得到极为有效的润滑。轴承的套圈和滚子主要用铬钢制造并经淬火处理，具备足够的强度、高的硬度和良好的韧性和耐磨性。

a) b)

图4-6　主轴　　　　　　　　　　图4-7　主轴承

a）联轴器连接　b）法兰连接

轴承座如图4-8所示，它与机舱底盘固接。

图4-9所示为主轴、主轴承和轴承座装配示意图。

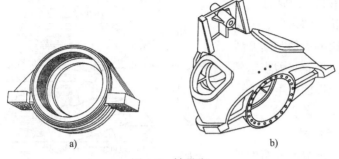

图 4-8　轴承座

a）单轴承　b）双轴承

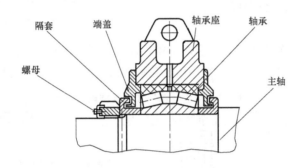

图 4-9　主轴、主轴承和轴承座装配示意图

三、齿轮箱

除了直驱式风力发电机组外，其他型式的机组都要应用齿轮箱，齿轮箱是通过齿轮副进行动力传输的。

1. 常用齿轮副

（1）直齿和斜齿圆柱齿轮副

直齿和斜齿圆柱齿轮副由一对转轴相互平行的齿轮构成。直齿圆柱齿轮的齿与齿轮轴平行，而斜齿圆柱齿轮的齿与轴线呈一定角度。人字齿轮在每个齿轮上都有两排倾斜方向的斜齿。各种圆柱齿轮副如图 4-10 所示。

（2）行星齿轮系

行星齿轮系是一个或多个所谓的行星轮绕着一个太阳轮公转，本身又自转的齿轮传动轮系。图 4-11 为行星齿轮系原理图。

实际应用的风力发电机组主齿轮系中，最常见的形式是由行星齿轮系

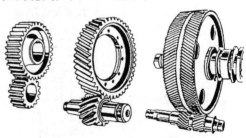

图 4-10　各种圆柱齿轮副

和平行轴轮系混合构成的。

在直齿轮、斜齿轮、人字齿轮中最常用的齿形是渐开线齿形。这种齿形意味着当基圆匀速转动时，齿面产生匀速位移，接触线是一条直线。

2. 齿轮箱形式

风力发电机组齿轮箱的种类很多，按照传统类型可分为圆柱齿轮箱、行星齿轮箱以及它们互相组合起来的齿轮箱；

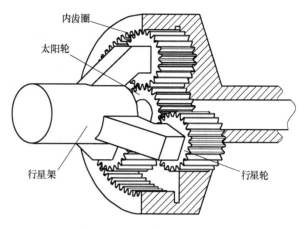

图 4-11　行星齿轮系原理

按照传动的级数可分为单级和多级齿轮箱；按照传动的布置形式又可分为展开式、分流式、同轴式以及混合式等。常用齿轮箱形式及其特点和应用见表4-1。

表 4-1　常用齿轮箱形式及其特点和应用

传 动 形 式		传 动 简 图	特 点 及 应 用
两级圆柱齿轮传动	展开式		结构简单，成本低、便于维护。但齿轮相对于轴承的位置不对称，因此要求轴有较大的刚度。用于载荷比较平稳的场合
	分流式		结构复杂，但由于齿轮相对于轴承对称布置，与展开式相比载荷沿齿宽分布均匀，轴承受载较均匀。中间轴危险截面上的转矩只相当于轴所传递转矩的一半。适用于变载荷的场合
	同轴式		齿轮箱横向尺寸较小，两对齿轮浸入油中深度大致相同。但轴向尺寸和重量较大。且中间轴较长，刚度较差，使沿齿宽载荷分布不均匀
	同轴分流式		每对啮合齿轮仅传递全部载荷的一半，输入轴和输出轴只承受转矩，中间轴只受全部载荷的一半，故与传递同样功率的其他增速器相比，轴颈尺寸可以缩小

（续）

传动形式		传动简图	特点及应用
三级圆柱齿轮传动	展开式		同两级展开式
	分流式		同两级分流式
行星齿轮传动	单级 NGW		与普通圆柱齿轮增速器相比,增速比高,尺寸小,重量轻,但制造精度要求较高,结构较复杂 注:N:内啮合;G:公用的行星轮;W:外啮合
	两级 NGW		同单级 NGW 型
混合式传动	一级行星两级圆柱齿轮传动		低速轴为行星传动,使功率分流,同时合理应用了内啮合。体积小,传递功率大。末二级为平行轴圆柱齿轮传动,可合理分配增速比,提高传动效率
	二级行星一级圆柱齿轮传动		头两级为行星传动,末级为平行轴圆柱齿轮传动。增速比高

图 4-12 所示是一种三级圆柱齿轮传动齿轮箱剖面。它的第一级是内齿圈转动。图 4-13 是一级行星两级圆柱齿轮传动齿轮箱拆分图。图 4-14 是 1.5MW 风力发电机组齿轮箱外形图。它的内部是一级行星两级圆柱齿轮传动。

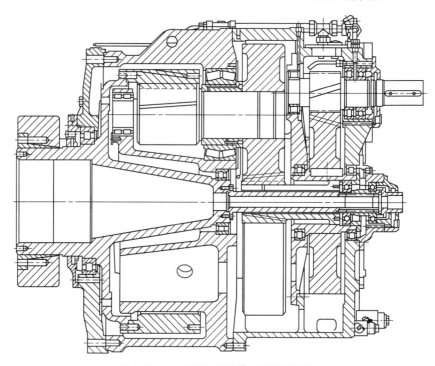

图 4-12   三级圆柱齿轮传动齿轮箱剖面

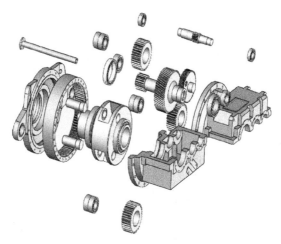

图 4-13   一级行星两级圆柱齿轮传动齿轮箱拆分图

图 4-14　1.5MW 风力发电机组齿轮箱外形图

图 4-15 所示为一种差动齿轮箱。它是由三级行星轮系和一级平行轮系组成，其中第三级行星轮系是差动轮系。行星轮系的第一级实现功率分配。通过传动轴传动，部分功率直接从行星架传递到第一级行星轮系，其余功率作为无损耦合功率被传递到第二级行星轮系旋转的内齿圈上。功率分配的百分比由三级行星轮系固定的齿轮齿数比决定。第一级行星轮系太阳轮的速度与差动行星轮系行星架的速度一致。而且，第二级行星轮系太阳轮的速度与差动行星轮系内齿圈的速度一致。内齿圈和差动行星轮系行星架的速度共同产生一个太阳轮累积速度，从而实现功率合流。

a)

图 4-15　差动齿轮箱

a) 解剖图

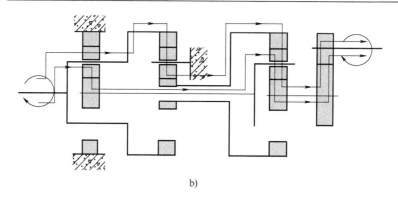

b)

图 4-15　差动齿轮箱（续）

b）原理图

差动齿轮箱与传统齿轮箱相比较结构紧凑，重量轻，载荷分布合理，具有较好的低噪声性能。

图 4-16 所示为液力机械传动的增速箱原理。液力机械传动是由两个自由度的三轴或四轴齿轮式行星机构与两轴的液力传动连接起来组合而成。齿轮式行星机构称为液力机械传动的机械元件；而液力传动部分称为液力机械传动的液力元件。

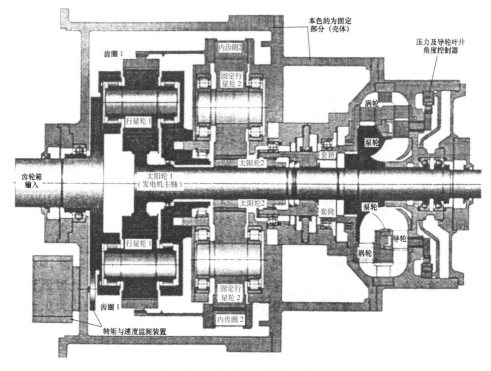

图 4-16　液力机械传动的增速箱原理

液力传动是以液体为工作介质的叶片式传动机械。在其工作腔中有泵轮、涡轮和导轮。泵轮和输入轴相连接，涡轮和输出轴相连接，导轮不转动，对液体起导向作用。液力传动可以通过改变叶轮的位置无级调节工作机的转速。

图 4-16 所示的液力机械传动增速箱由两级行星轮系和液力变矩器组成。左侧为第一级行星增速轮系，行星轮 1（连齿轮箱输入轴）太阳轮 1（与发电机轴相连）旋转，太阳轮 1 带动右侧的液力变矩器泵轮，继而驱动涡轮转动，涡轮与空心太阳轮 2 通过套筒连接，太阳轮 2 通过固定的行星轮 2 驱动内齿圈 2 旋转，内齿圈 2 再带动内齿圈 1 以与行星轮 1 旋转方向相反的方向旋转，使太阳轮 1 转速增加。实现功率合流。调节液力变矩器导轮叶片的角度就可以改变输出的速度和转矩。

液力机械传动的增速箱可以实现传动比连续可调，从而实现在风轮转速随风速变化的情况下输出使同步发电机的转速恒定，省去了变流器，使同步发电机直接并网。液力机械传动与液力传动相比有较高的效率。

图 4-17 是与图 4-16 原理类似的液力机械传动增速箱的解剖模型。

图 4-17　应用液力机械传动的增速箱

3. 箱体和轴承

传动齿轮副置于箱体之中，箱体必须具有足够的刚性去承受力和力矩的作用，防止变形，保证传动质量。批量生产时，常采用铸铁箱体，减振性好，易于切削加工。所用的材料有球墨铸铁和其他高强度铸铁。单件、小批生产时，常采用焊接或焊接与铸造相结合的箱体。为了便于装配和定期检查齿轮的啮合情况，在箱体上设有观察窗。机座旁一般设有连体吊钩，供起吊整台齿轮箱用。为了减小齿轮箱传到机舱机座的振动，齿轮箱可安装在弹性减振器上。最简单的弹性减振器是用高强度橡胶和钢垫做成的弹性支座块（见图 4-18）。箱盖上还设有透气罩,在相应部位设有油位指示器、注油器和放油孔。采用强制润滑和冷却的齿轮箱,在箱体上设有进出油口和相关液压件的安装位置。齿轮箱上常采用的轴承有圆柱滚子轴承、圆锥滚子轴承、调心滚子轴承等。在所有的滚动轴承中,调心滚子轴承的承载能力最大,且能够广泛地应用在承受较大负载或者难以避免同轴误差和挠曲较大的支承部位。

a)   b)

图 4-18   弹性支座块

a)圆形   b)柱形

4. 密封装置

齿轮箱轴伸部位的密封一方面应能防止润滑油外泄,同时也能防止杂质进入箱体内。常用的密封分为非接触式密封和接触式密封两种。

1)非接触式密封:非接触式密封种类很多,所有的非接触式密封都不会产生磨损,使用时间长。图4-9中所示的隔套与端盖之间的密封形式就是一种非接触式密封,称为迷宫密封。

2)接触式密封   接触式密封是使用密封件的密封。密封件应可靠、耐久、摩擦阻力小、容易装拆,应能随压力的升高而提高密封能力和有利于自动补偿磨损。旋转轴常用唇形密封圈。

四、联轴器

联轴器是一种通用元件,种类很多,用于传动轴的联接和动力传递。可以分为刚性联轴器(如:胀套联轴器)和挠性联轴器两大类,挠性联轴器又分为无弹性元件联轴器(如:万向联轴器)、非金属弹性元件联轴器(如:轮胎联轴器)、金属弹性元件联轴器(如:膜片联轴器)。刚性联轴器常用在对中性好的两个轴的联接;而挠性联轴器则用在对中性较差的两个轴的联接。挠性联轴器还可以提供一个弹性环节，该环节可以吸收轴系外部负载波动产生的振动。

在风力发电机组中通常在低速轴端（主轴与齿轮箱低速轴连接处）选用刚性联轴器。在高速轴端（发电机与齿轮箱高速轴连接处）选用挠性联轴器。

1. 刚性胀套联轴器

胀套式联轴器结构如图 4-19 所示。它是靠拧紧高强度螺栓使包容面产生压力和摩擦力来传递负载的一种无键联接方式，可传递转矩、轴向力或两者的复合载荷。与键联接比较可避免零件因键联接而削弱强度，提高了零件的疲劳强度和可靠性。

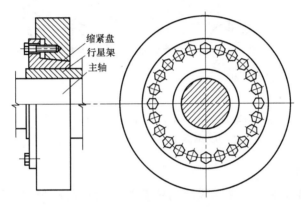

图 4-19　胀套式联轴器结构

胀套连接与一般过盈联接、无键联接相比，具有许多独特的优点：制造和安装简单，安装胀套的轴和孔的加工不像过盈配合那样要求高精度的制造公差。安装胀套也无需加热、冷却或加压设备，只需将螺栓按规定的转矩拧紧即可，并且调整方便。有良好的互换性，拆卸方便。胀套的使用寿命长，强度高。因为它是靠摩擦传动，被联接件没有相对运动，工作中不会磨损。胀套在胀紧后，接触面紧密贴合不易锈蚀。胀套在超载时，可以保护设备不受损坏。

2. 万向联轴器

万向联轴器是一类容许两轴间具有较大角位移的联轴器，适用于有大角位移的两轴之间的联接，一般两轴的轴间角最大可达 35°～45°，而且在运转过程中可以随时改变两轴的轴间角。

在风力发电机组中，万向联轴器也得到应用。例如图 4-20 所示的十

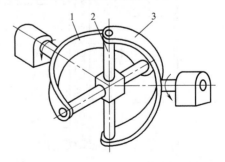

图 4-20　十字轴式万向联轴器结构简图
1、3—轴叉　2—十字轴

字轴式万向联轴器。主、从动轴的叉形件（轴叉）1、3 与中间的十字轴 2 分别以铰链联接，当两轴有角位移时，轴叉 1、3 绕各自固定轴线回转，而十字轴则作空间运动。

可以将两个单万向联轴器串联而成为双万向联轴器，应用方式如图 4-21 所示。

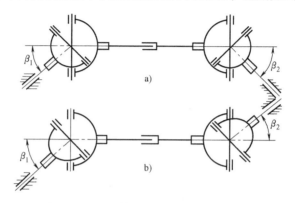

图 4-21 十字轴式万向联轴器应用方式

a）主、从动轴线相交 b）主、从动轴线平行

3. 膜片联轴器

膜片联轴器采用一种厚度很薄的弹簧片，制成各种形状，用螺栓分别与主、从动轴上的两半联轴器联接。图 4-22 为一种分离膜片联轴器的结构，其弹性元件为若干多边环形的膜片，在膜片的圆周上有若干螺栓孔。为了获得

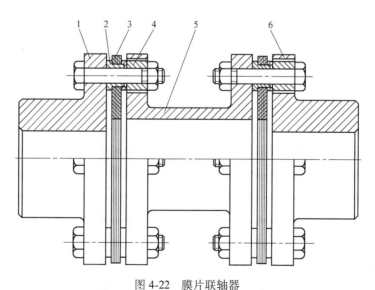

图 4-22 膜片联轴器

1、6—半联轴器 2—衬套 3—膜片 4—垫圈 5—中间体

相对位移，常采用中间体，其两端各有一组膜片组成两个膜片联轴器，分别与主、从动轴联接。

图 4-23 为大型风力发电机组常用的分离膜片联轴器。每组膜片由单独的杆组成一个多边形，其工作性能与连续环形基本相同，适用于联轴器尺寸受限制的场合。中间体带力矩限制器，当传动力矩过大时可以自动打滑。图 4-23a 为外形图，图 4-23b 为拆分图。

a)

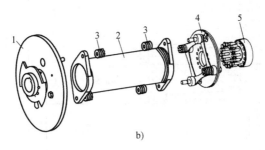

b)

图 4-23　分离膜片联轴器
a）外形图　b）拆分图
1—带测速盘的齿轮箱侧组件　2—带力矩限制器的中间体
3—胀紧螺母　4—发电机侧的组件　5—胀紧轴套

4. 连杆联轴器

图 4-24 所示的连杆联轴器，也是一种挠性联轴器。每个联接面由 5 个连杆组成，连杆一端联接被联接轴，一端联接中间体。可以对被联接轴轴向、径向、角向误差进行补偿。连杆联轴器设有滑动保护套（见图 4-25），用于过载保护。滑动保护套由特殊合金材料制成，它能在机组过载时发生打滑从而保护电机轴不被破坏。在保护套的表面涂有不同的涂层，保护套与轴之间的摩擦力始终是

保护套与轴套之间摩擦力的2倍,从而保证滑动永远只会发生在保护套与轴套之间。当转矩从峰值回到额定转矩以下时,滑动保护套与轴套之间继续传递转矩。

图 4-24 连杆联轴器

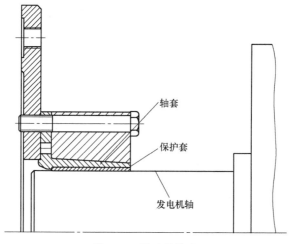

图 4-25 滑动保护套

第二节 直驱式机组的主传动

直驱式风力发电机组的风力机直接与发电机转子相连接,传动部分的支撑形式有单轴承和双轴承两种结构。

一、单轴承结构

多极永磁发电机与轮毂共用一个轴承,如图4-26所示,轴承的内圈与发电机锥形支撑相连，不转动；外圈两侧分别与发电机转子和轮毂相连，轮毂、转子与轴承外圈一起转动。市场上多极永磁同步发电机多采用单支撑单轴承结构。

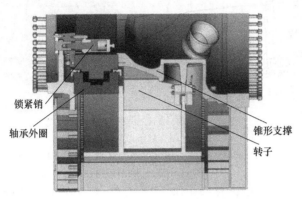

图 4-26　内转子单轴承结构

二、双轴承结构

双支撑永磁发电机有两个支撑点，装有两个轴承。双轴承结构又有轴承外圈固定和轴承内圈固定两种形式。图 4-27 所示为内转子轴承外圈固定双支撑结构。双支撑结构的转子轴重量轻，转子刚度好，气隙均匀度好；但装配工艺比较复杂。

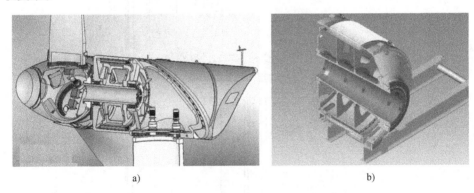

图 4-27　内转子轴承外圈固定双支撑结构
a）发电机安装　b）双支撑发电机

图 4-28 所示为内转子轴承内圈固定双支撑结构。低速轴将风轮轮毂与发电机转子相连，并且是中空的，这样就可以将其安装在同心的固定轴上，固定轴从机舱底盘上伸出来，与塔筒连接。

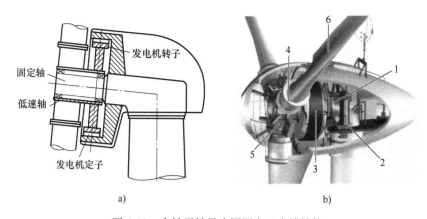

图 4-28　内转子轴承内圈固定双支撑结构

a）结构示意图　b）解剖图

1—机舱　2—偏航机构　3—发电机　4—轮毂　5—变桨距机构　6—叶片

外转子轴承内圈固定双支撑结构如图 4-29 所示。

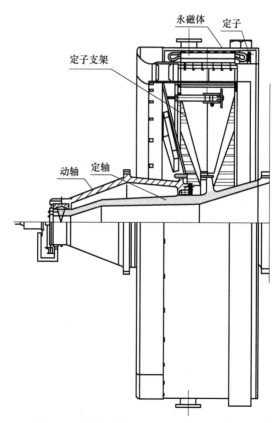

图 4-29　外转子轴承内圈固定双支撑结构

三、直驱式机组主传动轴承

直驱型机组主传动轴承不仅承受转动部件的径向载荷，还要承受叶片受风力作用下的轴向载荷，因此对轴承的要求非常高。常用双列圆锥滚子轴承和三列圆柱滚子轴承等，图4-30所示为两种常用轴承结构。

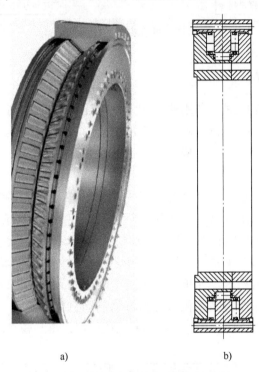

a)   b)

图 4-30 多极永磁发电机轴承结构

a）双列圆锥滚子轴承 b）三列圆柱滚子轴承

第三节 制 动

大型风力发电机组设置制动装置的目的是保证机组从运行状态到停机状态的转变。制动一般有两种情况：一种是运行制动，它是在正常情况下经常性使用的制动；另一种是紧急制动，它只用在突发故障时，平常很少使用。

制动装置有两类，一类是机械制动，一类是空气动力制动。在机组的制动过程中，两种制动形式是相互配合的。

制动系统的工作原理如图4-31所示。

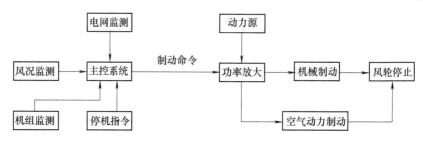

图 4-31　制动系统的工作原理

一、机械制动

机械制动的工作原理是利用非旋转元件与旋转元件之间的相互摩擦来阻止转动或转动的趋势。机械制动装置一般由液压系统、执行机构（制动器）、辅助部分（管路、保护配件等）组成。液压系统将在后文详述。

1. 制动器

按照工作状态，制动器可分为常闭式和常开式。常闭式制动器靠弹簧或重力的作用经常处于紧闸状态，而机构运行时，则使制动器松闸。与此相反，常开式制动器经常处于松闸状态，只有施加外力时才能使其紧闸。

常闭式制动器的工作原理如图 4-32 所示。平时处于紧闸状态，当液压油进入无弹簧腔时制动器松闸。如果将弹簧置于活塞的另一侧，即构成常开式制动器。利用常闭式制动器的制动机构称为被动制动机构，否则，称为主动制动机构。被动制动机构安全性比较好，主动制动机构可以得到较大的制动力矩。

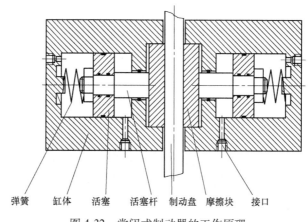

弹簧　缸体　活塞　活塞杆　制动盘　摩擦块　接口

图 4-32　常闭式制动器的工作原理

在风力发电机组中，常用的机械制动器为盘式液压制动器。盘式制动器沿制动盘轴向施力。制动轴不受弯矩。径向尺寸小，散热性能好，制动性能稳定。

图 4-33 所示为滑动钳式制动器。它可以用于风力发电机组主传动的制动。

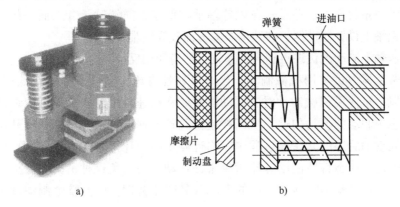

a)　　　　　　　　　　　　　　b)

图 4-33　滑动钳式制动器

a）外形　b）工作原理

2. 带齿轮箱机组制动器安装方式

为了不使制动轴受到径向力和弯矩，钳盘式制动器应成对布置。制动转矩较大时可采用多对制动器，如图 4-34 所示。

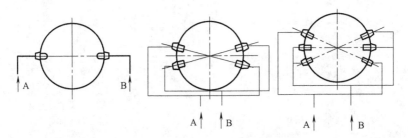

图 4-34　多对制动器组合安装示意图

制动器可以安装在齿轮箱高速轴上，也可以安装在齿轮箱低速轴上。

制动器设在低速轴时如图 4-35 所示，其制动功能直接作用在风轮上，可靠

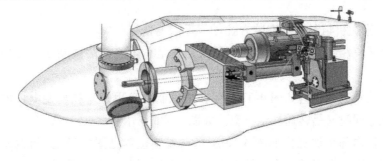

图 4-35　低速轴制动

性高，并且制动力矩不会变成齿轮箱载荷。但一定的制动功率下，在低速轴制动，制动力矩就很大；并且，在风轮轴承与低速轴前端轴承合二而一的齿轮箱中，低速轴上设置制动器，在结构布置方面较为困难。

高速轴上制动的优缺点则与低速轴上的情形相反。

定桨距风力机常用机械制动，出于可靠性考虑，制动器常装在低速轴上；变桨距风力机使用机械制动时，制动器常装在高速轴上。在高速轴上制动，易发生动态中制动的不均匀性，从而产生齿轮箱的冲击过载。例如，从开始的滑动摩擦到制动后期的紧摩擦过程中，临近停止的叶片常不连贯地停顿，风轮转动惯量的这一动态特性使增速器齿轮来回摆动。为避免这种情况，保护齿轮箱和摩擦块，应试验调整制动力矩的大小及其变化特性，以使整个制动过程保持稳定。

高速轴上的主传动制动机构制动盘有两种形式，即双盘结构和单盘结构。如图4-36所示。

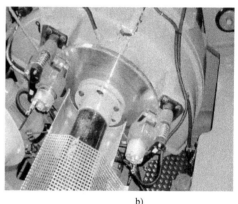

a) b)

图4-36 制动盘安装形式

a）双盘结构 b）单盘结构

3. 直驱式机组制动器安装方式

直驱式机组制动器安装有两种形式，一是利用连接法兰制动，二是发电机内部制动。

连接法兰制动机构如图4-37所示，机械制动盘也是轮毂与发电机连接的法兰盘。此盘同时又是转速测量码盘。如图4-37b所示。

发电机内部制动机构如图4-38所示（安装位置见图3-33），两组发电机液压制动单元安装在定子锥形支撑上面，每组制动单元包含两对制动器。

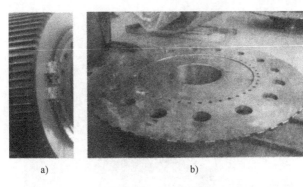

a)　　　　　　　　　b)

图 4-37　机械制动

a）制动机构安装　b）制动盘

图 4-38　直驱式机组发电机内部制动机构

4. 风轮的锁定

由于安全的需要，风力机设有风轮锁定装置。锁定装置由锁紧手柄、机械销轴等组成（见图 4-39）。当需要锁定风轮时，先使风力发电机组停止运行，确认叶片处于顺桨位置。然后顺时针摇动锁紧手柄，直至机械销轴完全插于定位盘。如果需要可以转动转子锁定圆盘，使定位圆盘上的孔与机械销轴相对。操作方法是：松开高速轴制动器，用手或齿轮机构盘动高速轴制动盘。直到机械销轴穿入定位盘为止。一种液压驱动的遥控风轮机械锁定装置如图 4-40 所示。

直驱式机组风轮锁定装置参见图 4-26，两个液压驱动锁紧销安装在定子法兰上，共有 6 个用于锁紧销锁紧的位置，利用这些位置，每个叶片都能被定位在水平或垂直的方向上。

图 4-39　风轮锁定装置

图 4-40　液压驱动的遥控风轮机械锁定装置

二、空气动力制动

对于大型风力发电机组，机械制动已不能完全满足制动需求。必须同时采用空气动力制动。空气动力制动并不能使风轮完全静止下来，只是使其转速限定在允许的范围内。正常制动时，先由空气动力制动使转速降下来（例如使转速小于 1r/min），然后进行机械制动。

对于定桨距风电机组，空气动力制动装置安装在叶片上。它通过叶片形状的改变使风轮的阻力加大。如叶片的叶尖部分旋转 80°~90° 以产生阻力。叶尖的旋转部分称为叶尖扰流器，如图 4-41 所示。

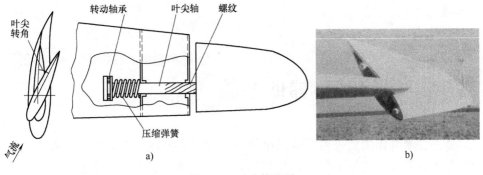

图 4-41　叶尖扰流器

a）工作原理　b）实物照片

　　使叶尖扰流器复位的动力是风力发电机组中的液压系统，液压系统提供的压力油通过旋转接头进入叶片根部的液压缸。叶尖扰流器通过不锈钢丝绳（图中未画出）与液压缸的活塞杆相联接。当机组处于正常运行状态时，在液压系统的作用下，叶尖扰流器与叶片主体部分精密地合为一体，组成完整的叶片，起着吸收风能的作用；当风力机需要制动时，液压系统按控制指令将扰流器释放，该叶尖部分旋转，形成阻尼板。由于叶尖部分（约为叶片半径的 15%）在风轮产生功率时出力最大，所以作为扰流器时，叶尖产生的气动阻力也相当高，足以使风力机很快减速。

　　由于液压力的释放，叶尖扰流器才得以脱离叶片主体转动到制动位置，所以除了控制系统的正常指令外，液压系统故障引起油路失去压力，也将导致扰流器展开而使风轮停止运行。因此，叶尖扰流器制动也是液压系统失效时的保护装置。它使整个风力发电机组的制动系统具有很高的可靠性。

　　对于普通变桨距（正变距）风力机，可以方便地应用变桨距系统进行制动。在制动时由液压或者伺服电动机驱动叶片执行顺桨动作，叶片平面旋转至与风向平行时停止，由于叶片执行制动动作过程中阻力急剧增大，使风轮转速下降，起到了气动制动的效果。

　　主动失速型（负变距）风力机则利用加深失速的方法制动。

第五章
变桨距、偏航与辅助系统

本章主要介绍大型风力发电机组的参数和姿态控制。包括变桨距系统、偏航系统及其制动、变桨距的传动与控制环节——液压系统。同时还介绍了保证零部件正常工作的润滑和温控系统。

第一节 变桨距系统

变桨距就是使叶片绕其安装轴旋转，改变叶片的桨距角，从而改变风力机的气动特性，图5-1所示为叶片的不同位置。

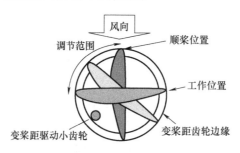

图 5-1 叶片的不同位置

变桨距风力发电机组与定桨距风力发电机组相比，起动与制动性能好，风能利用系数高，在额定功率点以上输出功率平稳。所以，大型风力发电机组多采用变桨距形式。

本节将介绍3种类型变桨距系统。即液压变桨距系统、电动变桨距系统和电-液结合的变桨距系统。

一、液压变桨距系统

1. 液压变桨距系统的组成

液压变桨距系统以液压伺服阀（或比例阀）作为功率放大环节，以液体压力驱动执行机构。其组成如图5-2所示。从图中可见，液压变桨距系统是一个自动控制系统。由变距控制器、数码转换器、液压控制单元、执行机构、位移传感器等组成。

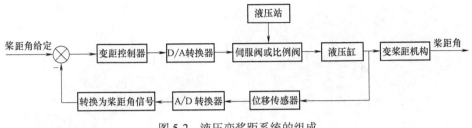

图 5-2 液压变桨距系统的组成

变桨距控制器是一个非线性比例控制器，一般由软件实现。液压控制单元将在后文集中介绍，这里首先介绍执行机构的构成和作用原理。

在液压变距型机组中根据驱动形式的差异可分为叶片独立变距和统一变距两种类型。

2. 独立变桨距执行机构

独立变桨距执行机构的 3 个液压缸布置在轮毂内，以曲柄滑块的运动方式分别给 3 个叶片提供变距驱动力（见图 5-3），因为变距过程彼此独立，一组变距出现故障后，机组仍然可以通过调整其余两组变距机构完成空气动力制动。因此这种设计可靠性较高，但是由于 3 组液压缸位于轮毂内部与液压泵之间有相对转动，为此需要加装旋转接头。

独立变桨距有的是叶片桨距角同步变化的，也有的是叶片桨距角异步变化的。异步变化的独立变桨距系统有可能减小风力机叶片负载的波动和转矩的波动，进而减小传动机构的疲劳度以及塔架的振动。

图 5-4 所示为独立液压变桨距结构图。

图 5-3 独立液压变桨距系统外形

图 5-4 独立液压变桨距结构图

3. 统一变桨距执行机构

统一变桨距执行机构通过 1 个液压缸驱动 3 个叶片同步变桨距，液压缸放置在机舱里，活塞杆穿过主轴与轮毂内部的同步盘连接，如图 5-5 所示。

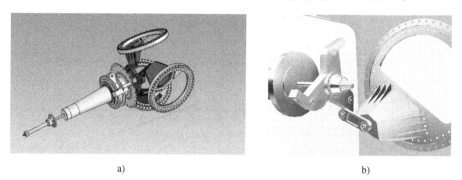

a)   b)

图 5-5　统一液压变桨距系统执行机构

a）整体　b）局部

变距机构的工作过程如下：控制系统根据当前风速，通过预先编制的算法给出电信号，该信号经液压系统进行功率放大，液压油驱动液压缸活塞运动，从而推动推杆、同步盘运动，同步盘通过短转轴、连杆、长转轴推动偏心盘转动，偏心盘带动叶片进行变距。

4. 变距轴承

轮毂和叶片需用变距轴承连接。对于液压动力型驱动曲柄滑块式变距的机组来说，一般采用 4 点接触球式转盘轴承，变距轴承的内圈与风轮的叶片、偏心盘用螺栓连接，外圈与轮毂用螺栓连接。图 5-6 所示为几种常用方案。

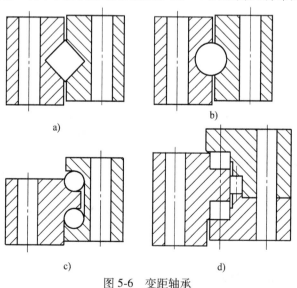

a)

b)

c)

d)

图 5-6　变距轴承

a）单排滚子轴承　b）单排球轴承　c）双排球轴承　d）三排滚子轴承

二、电动变桨距系统

1. 总体结构

电动变桨距系统以伺服电动机驱动齿轮系实现变距调节功能，可以使 3 个叶片独立实现变桨距。图 5-7 为电动变桨距系统的总体构成框图。主控制器与轮毂内的轴控制盒通过现场总线通信，达到控制 3 个独立变桨距装置的目的。主控制器根据风速、发电机功率和发电机转速等，把指令信号发送至电动变桨距控制系统；电动变桨距系统把实际值和运行状况反馈至主控制器。

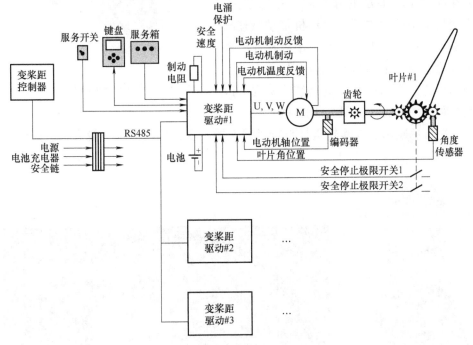

图 5-7　电动变桨距系统的总体构成框图

电动变桨距系统的 3 套蓄电池（每支叶片 1 套）、轴控制盒、伺服电动机和减速机均置于轮毂内，1 个总电气开关盒置于轮毂和机舱连接处。

整个系统的通信总线和电缆靠集电环与机舱内的主控制器连接。集电环设在变速箱输入轴的出口端，其内部结构和外形如图 5-8 所示。

2. 单元组成

单个叶片变桨距装置一般包括控制器、伺服驱动器、伺服电动机、减速机、变距轴承、传感器、角度限位开关、蓄电池、变压器等。

伺服驱动器用于驱动伺服电动机，实现变距角度的精确控制。传感器可以

是电动机编码器和叶片编码器，电动机编
码器测量电动机的转速，叶片编码器测量
当前的桨距角，与电动机编码器实现冗余
控制。蓄电池是出于系统安全考虑的备用
电源。

　　伺服电动机是功率放大环节，它与减
速机和传动小齿轮连在一起（见图 5-9a）。
减速机固定在轮毂上，变距轴承的内圈安
装在叶片上，轴承的外圈固定在轮毂上。
当变桨距系统通电后，电动机带动减速机
的输出轴小齿轮旋转，而且小齿轮与变距
轴承的内圈（带内齿）啮合，从而带动变
距轴承的内圈与叶片一起旋转，实现了改
变桨距角的目的（见图 5-9b）。减速器一般

图 5-8　集电环内部结构和外形

可采用行星减速器或蜗轮蜗杆与行星减速器串联；传动齿轮一般采用渐开线圆
柱齿轮。

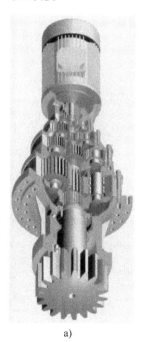

a)

b)

图 5-9　电动变桨距系统执行机构

a）执行机构组件　b）执行机构安装

图 5-10 为电动变桨距控制系统外形。

图 5-10 电动变桨距控制系统外形

3. 伺服电动机

变桨距系统常用的伺服电动机有异步电动机、无刷直流电动机和三相永磁同步电动机。3 种伺服电动机的比较见表 5-1。

表 5-1 3 种伺服电动机的比较

项目	异步电动机	无刷直流电动机	三相永磁同步电动机
成本	较低	较高	较高
功率密度	最小	最大	较大
转矩/惯量	最小	一般	最大
速度范围	大	较小	较小
转矩/电流	较小	较大	较大
损耗	铜耗大	小	基速以上损耗大
制动	较难	容易	容易
转子位置传感器	增量编码器	绝对编码器	绝对编码器

4. 变距轴承

对于电动机驱动齿轮式变距的机组来说，一般选用有内齿的 4 点接触球式转盘轴承，变距轴承的内外圈分别与风轮的叶片和轮毂用螺栓连接。变距轴承的内圈上带有轮齿（参看图 5-9b），还设有变距传感器。包括位置传感器和 2 个限位开关（0°和 90°）。

三、电-液变桨距系统

这种变桨距系统的特点是在电液伺服系统中使用交流伺服电动机而不是电

液伺服阀（或比例阀）。因此，具有电动机控制灵活和液压出力大的双重优点。图 5-11 所示为电-液变桨距机构原理图。由图可见，本系统用交流伺服电动机驱动可双向转动的定量泵，定量泵直接驱动液压缸。通过改变电动机的旋转方向、速度和运行时间控制液压缸的运动。

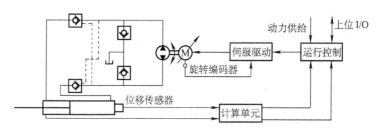

图 5-11　电-液变桨距机构原理图

系统用闭式回路代替阀控回路，可以将交流伺服电动机、双旋向定量泵、闭式油罐、补油阀和双向液压互锁阀都装在变桨距液压缸上，使系统布局紧凑（见图 5-12）。

四、变桨距系统的控制

变桨距系统的控制是由控制器实现的。控制器一方面控制执行机构完成变桨距的动作，另一

图 5-12　电-液变桨距机构

方面还要通过现场总线实现与主控制器的通信。控制器的核心部件是微处理器或 PLC（可编程序控制器）。

在控制器的控制之下变桨距系统的运行过程可以用流程图说明。流程图不仅反映了风力发电机组的运行规律，同时也是控制软件编程的依据。各种风力发电机组变桨距控制流程图也不相同。作为简单的例子，这里给出额定转速为 1000r/min 的异步发电机并网之前和并网运行时变桨距控制流程图。

图 5-13 所示为风力机起动时变桨距控制流程图。当风速高于起动风速时，使叶片变化到 15°。此时，若发电机的转速大于 800r/min 或者转速大于 700r/min 持续 1min，则桨距角继续变化到 3°位置。高速轴计数单元检测到的转速大于 1000r/min 时，发出并网指令。若桨距角达到 3°后 2min 未并网，则使桨距角退到 15°位置。

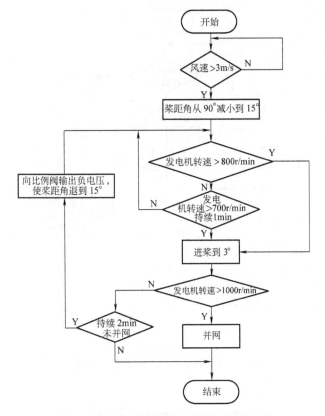

图 5-13　风力机起动时变桨距控制流程图

图 5-14 所示为风力机运行时变桨距控制流程图。发电机并入电网后，当风速小于额定风速时，桨距角一般保持在 0° 左右不变；当风速高于额定风速时，为了不超出额定功率，调节桨距角，使功率维持在额定功率附近。采用的控制策略为

$$\Delta\beta = K_{\mathrm{P}}(P - P_{\mathrm{N}}) \tag{5-1}$$

式中　　$\Delta\beta$——桨距角变化量；

$\quad\quad K_{\mathrm{P}}$——比例系数；

$\quad\quad P$——实测功率；

$\quad\quad P_{\mathrm{N}}$——额定功率。

为了防止频繁往复变桨距，当功率偏差的绝对值小于 10kW 时，桨距角不变。

有的风力发电机组在恒功率运行的过程中，首先根据平均风速粗略地变换桨距角，然后再以实测的发电机功率为依据，对桨距角进行微调。

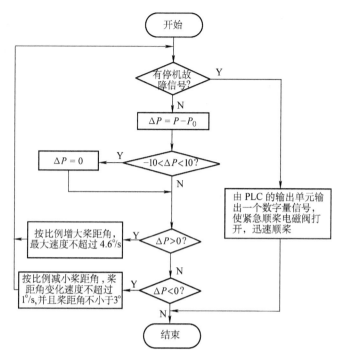

图 5-14 风力机运行时变桨距控制流程图

第二节 偏 航 系 统

　　水平轴风力机风轮轴绕垂直轴的旋转叫偏航。偏航系统可以分为被动偏航系统和主动偏航系统。被动偏航系统偏航力矩由风力产生，下风向风力发电机组和安装尾舵的上风向风力发电机组的偏航属于被动偏航。主动偏航系统应用液压机构或者电动机和齿轮机构使风力机迎风，大型风力发电机组多采用主动偏航，本节仅介绍主动偏航系统。

一、偏航系统的功能

　　由于风向经常改变，如果风轮扫掠面和风向不垂直，不但功率输出减少，而且承受的载荷更加恶劣。偏航系统的功能就是跟踪风向的变化，驱动机舱围绕塔架中心线旋转，使风轮扫掠面与风向保持垂直。

　　机舱在反复调整方向的过程中，有可能发生沿着同一方向累计转了许多圈，造成机舱与塔底之间的电缆扭绞，因此偏航系统应具备解缆功能。偏航轴承分为滑动型和滚动型，无论何种形式都应设置偏航运动的阻尼，以使机舱平稳转动。

也有的风力发电机组利用偏航进行功率调节。

二、偏航系统的组成和工作原理

偏航系统是一个自动控制系统，其组成和工作原理如图 5-15 所示。由图可见，偏航系统由控制器、功率放大器、执行机构、偏航计数器等部分组成。

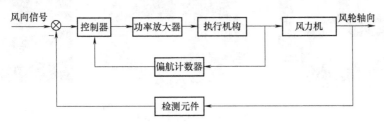

图 5-15　偏航系统的组成和工作原理

偏航计数器是记录偏航系统旋转圈数的装置，当偏航系统旋转圈数达到规定的初级解缆和终极解缆圈数时，计数器则给控制系统发信号使机组自动进行解缆。计数器一般是一个带控制开关的蜗轮蜗杆装置。

风力发电机组无论处于运行状态还是待机状态均能主动对风。在风轮前部或机舱一侧，装有风向仪，当风力发电机组的航向（风轮主轴的方向）与风向仪指向偏离时，计算机开始计时。当时间达到一定值时，即认为风向已改变，计算机发出向左或向右调向的指令，直到偏差消除。

当机舱在待机状态已调向 720°（根据设定），或在运行状态已调向 1080° 时，由机舱引入塔架的发电机电缆将处于缠绕状态，这时控制器会报告故障，风力发电机组将关机，并自动进行解缠处理（偏航系统按缠绕的反方向调向 720°或 1080°），解缠结束后，故障信号消除，控制器自动复位。

偏航系统还设有扭缆保护装置，它是出于失效保护的目的而安装在偏航系统中的。它的作用是在偏航系统的偏航动作失效后，电缆的扭绞达到威胁机组安全运行的程度而触发该装置，使机组进行紧急关机。一般情况下，这个装置是独立于控制系统的，一旦这个装置被触发，则机组必须进行紧急关机。扭缆保护装置一般由控制开关和触点机构组成，控制开关安装在机组的塔架内壁的支架上，触点机构一般安装在机组悬垂部分的电缆上。当机组悬垂部分的电缆扭绞到一定程度后，触点机构被提升或被松开而触发控制开关。

三、执行机构

偏航系统的执行机构一般由偏航轴承、偏航驱动装置、偏航制动器、偏航液压回路等部分组成。

偏航轴承与齿圈是一体的,根据齿圈位置的不同,可以分为外齿形式和内齿形式两种,分别如图 5-16a、b 所示。

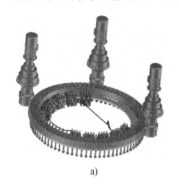 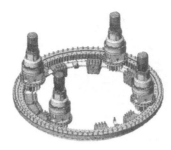 

a) b) c)

图 5-16 偏航执行机构

a)外齿形式 b)内齿形式 c)安装图

图 5-16c 所示为外齿形式偏航系统执行机构的安装图。风力发电机组的机舱与偏航轴承内圈用螺栓紧固相连,而偏航轴承的外齿圈与风力发电机组塔架固接。调向是通过两组或多组偏航驱动机构完成的。在机舱底板上装有盘式制动装置,以塔架顶部法兰为制动盘。

1. 偏航轴承

偏航轴承的内外圈分别与机组的塔体和机舱用螺栓连接。轮齿可采用内齿或外齿形式。外齿形式是轮齿位于偏航轴承的外圈上,加工相对来说比较简单;内齿形式是轮齿位于偏航轴承的内圈上,啮合受

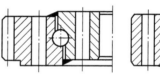 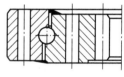

a) b)

图 5-17 偏航轴承和齿圈的结构

a)外齿形式 b)内齿形式

力效果较好,结构紧凑。偏航轴承和齿圈的结构如图 5-17 所示。

2. 偏航驱动

偏航驱动用在对风、解缆时,使机舱相对于塔筒旋转,一般为驱动电动机或液压驱动单元,安置在机舱中,通过减速机驱动输出轴上的小齿轮,小齿轮与固定在塔筒上的大齿圈啮合,使机舱偏航,啮合轮齿可以在塔筒外,也可在塔筒内,为了节省空间,方便塔筒与机舱间人行通道,一般采取塔筒外的安置方式。图 5-18 为驱动电动机组成的偏航驱动装置。

3. 偏航制动

偏航制动的功能是使偏航停止,同时可以设置偏航运动的阻尼力矩,以使机舱平稳转动。偏航制动装置由制动盘和偏航制动器组成。制动盘固定在塔架上,偏航制动器固定在机舱座上(见图 5-19)。

a)   b)

图 5-18　偏航驱动装置

a）驱动电动机偏置安装　b）驱动电动机直接安装

偏航制动器一般采用液压力驱动的钳盘式制动器，其外形如图 5-20 所示。

图 5-19　偏航制动装置

图 5-20　偏航制动器

由于在偏航运动和偏航制动过程中，总有液压力存在，属于主动制动。

制动器应设有自动补偿机构，以便在制动衬块磨损时进行自动补偿，保证制动力矩和偏航阻尼力矩的稳定。

四、偏航系统的控制

1. 偏航控制的硬件

偏航系统的控制是由控制器实现的。图 5-21 所示为偏航控制器及其输入与输出信号。风轮偏角信号经放大和模数转换后，进入到 CPU（中心处理单元）

进行处理，把得到的处理结果经过数模转换后输出。再经过功率放大驱动执行机构。如果要进行人工操作，可以通过人机交互平台。CPU 还可以与主控制器进行信号交换。

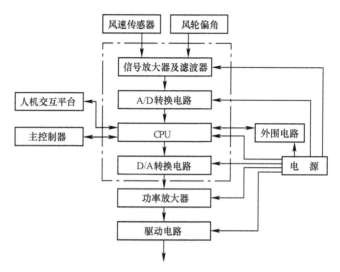

图 5-21 偏航控制器及其输入与输出信号

2. 偏航控制的软件

偏航控制系统由于采用计算机控制，因此必须依赖控制软件。控制软件保证各种功能的实现。偏航控制主要包括风向标控制的自动偏航、90°侧风、自动解缆、顶部机舱控制偏航、面板控制偏航和远程控制偏航等功能，其控制流程如图 5-22 所示。

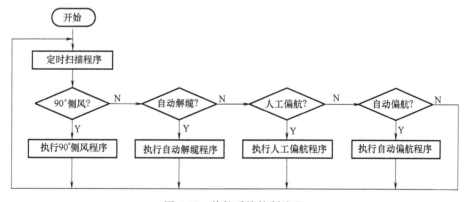

图 5-22 偏航系统控制流程

风向瞬时波动频繁，但幅度不大，通常设置一定的允许偏差，如±15°，如果在此容差范围内，就可以认为是对风状态。风轮将保持既定方向。偏航控制主要实现如下功能。

（1）自动偏航功能

当偏航系统收到中心控制器发出的需要自动偏航的信号后，连续 3min 时间内检测风向情况，若风向确定，同时机舱不处于对风位置，松开偏航制动，起动偏航电动机运转，开始偏航对风程序，同时偏航计数器开始工作，根据机舱所要偏转的角度，使风轮轴线方向与风向基本一致。

（2）手动偏航功能

手动偏航控制包括顶部机舱控制、面板控制和远程控制偏航 3 种方式。

（3）自动解缆功能

自动解缆功能是偏航控制器通过检测偏航角度、偏航时间及偏航传感器，使发生扭转的电缆自动解开的控制过程。当偏航控制器检测到扭缆达到 2.5 ~ 3.5 圈（可随意设置）时，若风力发电机组在暂停或起动状态，则进行解缆；若正在运行，则中心控制器将不允许解缆，偏航系统继续进行正常偏航对风跟踪。当偏航控制器检测到扭缆达到保护极限 3~4 圈时，偏航控制器请求中心控制器正常关机，此时中心控制器允许偏航系统强制进行解缆操作。在解缆完成后，偏航系统便发出解缆完成信号。

（4）90°侧风功能

风力发电机组的 90°侧风功能是在风轮过速或遭遇切出风速以上的大风时，控制系统为了保证风力发电机组的安全，控制系统对机舱进行 90°侧风偏航处理。

由于 90°侧风是在外界环境对风力发电机组有较大影响的情况下，为了保证机组安全所实施的措施，所以在 90°侧风时，应当使机舱走最短路径，且屏蔽自动偏航指令。在侧风结束后，应当抱紧偏航制动盘，同时当风向变化时，继续追踪风向的变化，确保风力发电机组的安全，其控制过程和自动偏航类似。

3. 偏航传感器

（1）解缆传感器

解绕传感器用来限制风力发电机组电缆扭转的次数。它的齿轮与偏航轮啮合，当机舱和塔架相对转动时，可以将转动角度记录下来。解绕传感器是安全链的一部分，其安装如图 5-23 所示。

图 5-23 解绕传感器

（2）偏航方向传感器

偏航方向传感器是两个并排安放的接近开关，安装方式如图 5-24 所示，其中图 5-24b 所示是从下向上看的视图。判断偏航方向的方法如图 5-25 所示。

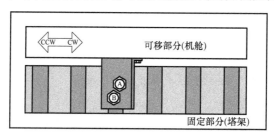

a)

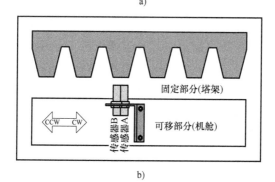

b)

图 5-24 安装方式

a）水平视图 b）垂直视图

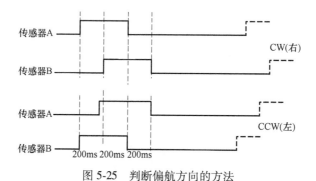

图 5-25 判断偏航方向的方法

第三节 液压系统

液压系统是以有压液体为介质，实现动力传输和运动控制的机械单元。液压系统具有传动平稳，功率密度大，容易实现无级调速，易于更换元器件和过载保护可靠等优点，在大型风力发电机组中得到广泛应用。

在定桨距风力发电机组中，液压系统主要用于空气动力制动、机械制动，以及偏航驱动与制动；在变桨距风力发电机组中，液压系统主要用于控制变距机构和机械制动，也用于偏航驱动与制动。此外还常用于齿轮箱润滑油液的冷却和过滤；发电机水冷；变流器的温度控制；开关机舱和驱动起重机等。图5-26为风力发电机组液压站。

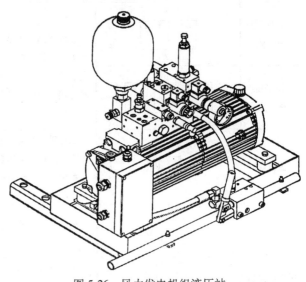

图 5-26 风力发电机组液压站

一、液压元件

液压系统由各种液压元件组成。液压元件可以分为动力元件、控制元件、执行元件和辅助元件。动力元件将机械能转换为液体压力能，如液压泵。控制元件控制系统压力、流量、方向以及进行信号转换和放大，作为控制元件的主要是各类液压阀。执行元件将流体的压力能转换为机械能，驱动各类机构，如液压缸。辅助元件为保证系统正常工作除上述 3 种元件外的装置，如油箱、过滤器、蓄能器、管件等。

常用液压元件的名称、图形符号和基本用途，见表5-2。

表 5-2 常用液压元件

名称	图形符号	基本用途
定量泵		液压泵是能量转换装置，用于向液压系统输送压力油，推动执行元件做功。按液压泵输出流量能否调节，分为定量泵和变量泵
变量泵		
单向阀		控制油液只能沿一个方向流动，不能反向流动
液控单向阀		带有控制口的单向阀称为液控单向阀，当控制口通压力油时，油液也可以反向流动

（续）

名称	图形符号	基本用途
二位三通换向阀		换向阀的作用是利用阀心相对于阀体的运动，控制液流方向，接通或断开油路，从而改变执行机构的运动方向、起动或停止。换向阀的稳定工作位置称为"位"，对外接口称为"通"
三位四通电磁换向阀		
溢流阀		在定量泵节流调速系统中，用于保持液压泵出口压力恒定，并将泵输出多余油液放回油箱，起稳压溢流作用；当系统负载达到其限定压力时，打开阀口，使系统压力再也不能上升，对设备起到安全保护作用
减压阀		减压阀用于降低系统中某一回路的压力。它可以使出口压力基本稳定，并且可调
压力继电器		压力继电器是利用液体压力启闭电器触点的液电信号转换元件
节流阀		靠改变控制口的大小，调节通过阀的液体流量，以改变执行元件的运动速度
电液伺服阀		根据输入电信号连续成比例地控制系统流量和压力的液压控制阀
电液比例阀		也可以根据输入电信号连续成比例地控制系统流量和压力。动态特性不如电液伺服阀，但制造成本低
单向液压缸		液压缸是液压系统的执行元件，是将输入的液压能转变为动能的能量转换装置，它可以很方便地获得直线往复运动。根据出力方向分为单向液压缸和双向液压缸
双向液压缸		
差动连接液压缸		将单活塞杆液压缸两腔连接起来，同时通入压力油。增加了无杆腔的进油量，提高了无杆腔进油时活塞（或缸体）的运动速度
蓄能器		用于储存和释放液体的压力能。可作为辅助能源和应急能源使用，还可吸收压力脉动和减少液压冲击
过滤器		可净化油液中的杂质，控制油液的污染

（续）

名称	图形符号	基本用途
油箱		液压油的储存器，满足液压系统正常工作所需要的流量；控制油液温度；逸出油中空气；沉淀杂质
冷却器		冷却油液，防止油温过高，造成黏度下降，泄漏增加，密封老化，油液氧化等问题
加热器		加热油液，防止油温过低，油液黏度过大，压力损失加大并引起较大的振动

二、定桨距机组液压系统

某定桨距风力发电机组液压系统的工作原理如图5-27所示。该系统由三组回路组成：左侧是空气动力制动压力保持回路；中间为主传动制动回路；右侧

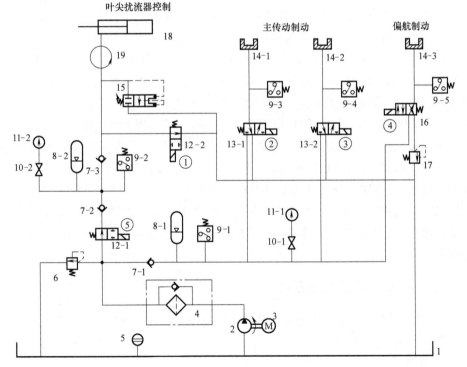

图5-27　某定桨距风力发电机组液压系统的工作原理

1—油箱　2—液压泵　3—电动机　4—滤油器　5—油位指示器　6、17—溢流阀　7—单向阀
8—蓄能器　9—压力继电器　10—压力表开关　11—压力表　12、13、16—电磁换向阀
14—制动器　15—突开阀　18—液压缸　19—旋转接头

为偏航系统制动回路。

液压系统开机后,电磁换向阀12-2电磁铁①带电,液路断开。压力油经液压泵2、滤油器4、电磁换向阀12-1、单向阀7-2进入蓄能器8-2,并通过单向阀7-3和旋转接头19进入控制叶尖扰流器液压缸。当蓄能器压力达到设定值时,压力继电器9-2动作,电磁换向阀12-1电磁铁⑤带电,液路断开,回路压力由蓄能器保持。并且液压缸上的弹簧钢索拉住叶尖扰流器,使之与叶片主体保持一致的结合。当风力发电机组关机时,电磁换向阀12-2电磁铁①失电,控制叶尖扰流器液压缸油液经过电磁换向阀12-2流回油箱。使叶尖扰流器偏离叶片主体相应的角度。溢流阀6用来限制系统最高压力。

在液压系统中还设有一个完全独立于控制系统的、用于安全保护的紧急停机装置。在控制叶尖扰流器的油路上,并联了一个受压力控制可突然开启的突开阀15(突开阀在压力失去后也不能自动关闭)。风轮超速时,离心力使液压缸中的压力迅速升高,达到设定值时,突开阀被打开,压力油流回油箱,叶尖扰流器迅速脱离叶片主体,旋转90°成为阻尼板,使机组在控制系统或检测系统以及电磁阀失效的情况下得以安全关机。有两种突开阀,一种为一次性突开阀,一旦动作后自身便破坏,不可再使用;另一种复位后可重新使用。

电磁换向阀13-1、13-2分别控制两个主传动制动器压力油的进出,从而控制制动器动作。该回路中工作压力由蓄能器8-1保持,压力继电器9-1根据蓄能器8-1的压力高低控制液压泵2的起停。压力继电器9-3、9-4用以监视制动器14-1、14-2中的油液压力,防止电磁换向阀13-1、13-2误动作而中断制动。

偏航系统制动回路有两种工作状态。在偏航驱动时,为了保持调向过程稳定,电磁换向阀16电磁铁④得电,偏航制动器油腔经溢流阀17与油箱接通。由于溢流阀17的作用,偏航制动器油腔有一定压力,为调向过程提供阻尼;在偏航结束时,电磁换向阀16电磁铁④失电,制动压力由蓄能器8-1直接提供。压力继电器9-5用以监视制动器14-3中的油液压力,防止电磁换向阀16误动作而中断制动。

三、变桨距机组液压系统

某变桨距风力发电机组的液压系统工作原理如图5-28所示。其功能是控制变距机构和主传动制动器。

1. 动力部分

动力部分由电动机7、液压泵5、油箱1及其附件组成。

液压泵由电动机带动。油液被液压泵抽出后,通过滤油器10和单向阀11-1进入蓄能器16-1。液压泵的起动和停止由压力传感器12的信号控制。当液压泵

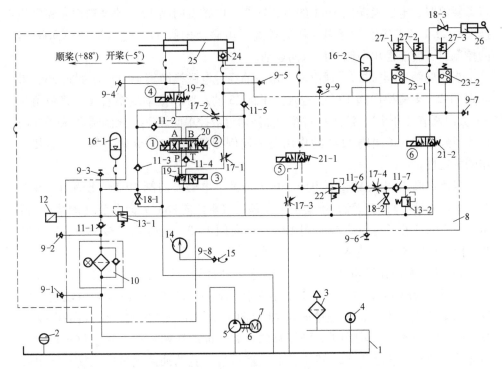

图 5-28　某变桨距风力发电机组液压系统工作原理

1—油箱　2—油位开关　3—空气滤清器　4—温度传感器　5—液压泵　6—联轴器　7—电动机
8—主阀块　9—压力测试口　10—滤油器　11—单向阀　12—压力传感器　13—溢流阀
14—压力表　15—压力表接口　16—蓄能器　17—节流阀　18—截止阀　19、21—电磁
换向阀　20—比例阀　22—减压阀　23—压力继电器　24—液控单向阀
25—液压缸　26—手动活塞泵　27—制动器

停止时，系统由蓄能器保持压力。系统的工作压力设定为 13.0~14.5MPa，当系统压力降至 13.0MPa 以下时，液压泵起动，当系统压力升至 14.5MPa 时，液压泵停止。风电机组处在运行状态、暂停状态和停机状态时，液压泵根据压力传感器的信号而自动起停；在紧急关机状态时，液压泵会因电动机迅速断路而立即停止工作。

溢流阀 13-1 作为安全阀使用。截止阀 18-1 用于放出蓄能器中的油液。油位开关 2 可以在液位过低时报警。温度传感器 4 可以监测油温，当油温高于设定值时报警，当油温低于允许值时报警并关机。空气滤清器 3 用于向油箱加油和过滤空气。

2. 变距机构的控制

1) 液压系统在风电机组运行和暂停时的工作状态　液压系统在风电机组运

行和暂停时，电磁换向阀 19-1 的电磁铁③、电磁换向阀 19-2 的电磁铁④和电磁换向阀 21-1 的电磁铁⑤通电。压力油经过电磁换向阀 21-1 进入液控单向阀 24 的控制口，使液控单向阀可以双向通油。

当比例阀 20 电磁铁②通电时，压力油经过电磁换向阀 19-1、比例阀 20、单向阀 11-2、电磁换向阀 19-2，进入液压缸 25 的左腔，推动活塞右移，桨距角向 -5°方向调节（开桨）。液压缸右腔的油液通过液控单向阀 24、比例阀 20 和单向阀 11-4 回到油箱。单向阀 11-4 的作用是为比例阀提供 0.1MPa 的背压，增加其工作的稳定性。

当比例阀 20 电磁铁①通电时，压力油经过电磁换向阀 19-1、比例阀、液控单向阀进入液压缸的右腔，推动活塞左移，桨距角向 +88°方向调节（顺桨）。液压缸左腔的油液通过电磁换向阀 19-2、单向阀 11-3、电磁换向阀 19-1、比例阀 20、液控单向阀 24，进入液压缸的右腔，实现差动连接。

2）液压系统在风电机组关机和紧急关机时的工作状态　当关机指令发出后，电磁换向阀 19-1 的电磁铁③、电磁换向阀 19-2 的电磁铁④和电磁换向阀 21-1 的电磁铁⑤失电，液控单向阀 24 反向关闭。压力油经过电磁换向阀 19-1、节流阀 17-1 和液控单向阀进入液压缸的右腔，推动活塞左移，桨距角向 +88°方向运动。顺桨速度由节流阀 17-1 控制。液压缸左腔的油液通过电磁换向阀 19-2 和节流阀 17-2 回到油箱。在这种工作状态下，由于液控单向阀的作用，风力不能将叶片桨距角向 -5°方向运动。

当紧急关机指令发出后，液压泵立即停止运行。叶片的顺桨功能由蓄能器 16-1 提供的压力油实现。如果蓄能器压力油不足，叶片的顺桨由风的自变距力完成。此时，液压缸右腔的油液来自两部分，一部分从液压缸左腔通过电磁换向阀 19-2、节流阀 17-2、单向阀 11-5 和液控单向阀进入；另一部分从油箱经单向阀 11-5 和液控单向阀进入。顺桨速度由节流阀 17-2 控制。

3. 主传动制动器的控制

进入制动器的油液首先通过减压阀 22，其出口压力为 4.4MPa。蓄能器 16-2 为制动器提供压力油，它可以确保在蓄能器 16-1 或液压泵没有压力的情况下也能制动。溢流阀 13-2 作为安全阀使用，设定压力为 5.4MPa。截止阀 18-2 用于放出蓄能器中的油液。压力继电器 23-1 用以监视蓄能器中的油液压力，当蓄能器中的油液压力降到 3.4MPa 时，制动并报警。

当电磁换向阀 21-2 的电磁铁⑥断电时，减压阀的供油经单向阀 11-6、节流阀 17-4、单向阀 11-7 和电磁换向阀 21-2，蓄能器的供油经节流阀 17-4、单向阀 11-7 和电磁换向阀 21-2 共同进入制动器液压缸，实现机组的制动。节流阀 17-4 可以调节制动速度。

当电磁换向阀 21-2 的电磁铁⑥通电时，制动器液压缸中的油液经电磁换向阀 21-2 流回油箱，制动器松开。压力继电器 23-2 用以监视制动器中的油液压力，防止电磁换向阀 21-2 错误动作而中断制动。

液压系统备有手动活塞泵 26，在系统不能正常加压时，用于制动风力发电机组。

第四节　润滑与温控

润滑与温度控制是风力发电机组零部件正常工作的必要条件，也是机组维护的重要内容。

一、润滑

风力发电机组润滑的重点部位如图 5-29 所示。

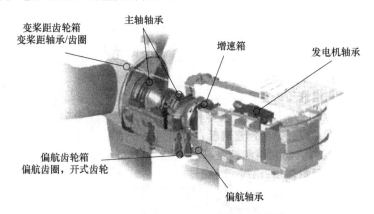

变桨距齿轮箱
变桨距轴承/齿圈
主轴轴承
增速箱
发电机轴承
偏航齿轮箱
偏航齿圈，开式齿轮
偏航轴承

图 5-29　风力发电机组润滑的重点部位

润滑可以分为手动润滑和自动润滑。手动润滑是人工定时定量向被润滑点加入润滑剂，自动润滑则可以由润滑系统自动完成润滑功能。

不同的润滑对象采用不同的润滑剂，主齿轮箱采用液体润滑油润滑，轴承多采用半固体的润滑脂润滑。

1. 主齿轮箱的润滑

风力发电机组齿轮箱的润滑，是齿轮箱持续稳定运行的保证。齿轮箱润滑系统如果工作不正常，由于齿面润滑油膜减少而热量增加，将造成齿面和轴承的损坏。特别是在我国北方，冬季温度过低，润滑油品黏度增大，如果齿轮箱润滑部位不能得到充分润滑，长期运行将会导致啮合齿面以及轴承滚动体和座圈发生点蚀、胶合和磨损现象；夏季温度过高，如果齿轮箱散热不好，当风力发电机组在额定功率下运行时，齿轮箱内油品温度上升较快，根据热平衡态原理，在没有外界影响的条件下，一个热力学系统经长时间后必将趋于热平衡态，即齿轮箱内循环油品和齿面润滑油品达到温度较高的热平衡状态，由于润滑油黏度下降，对啮合齿面油膜的形成不利，齿面也容易出现点蚀、胶合现象，因此，较好地解决齿轮箱的润滑，对润滑油进行有效的净化和温控也是保证齿轮箱稳定运行的条件。

齿轮箱内常采用飞溅润滑或强制润滑，飞溅润滑是指输入轴大齿轮浸没在润滑油里，运行中飞溅起来的油液起到润滑作用。由于飞溅润滑用油量大，箱体体积大，散热条件差，所以一般以强制润滑为多见。

大功率风电机组的齿轮箱设有润滑油净化和温控系统，图 5-30 为一种典型结构。

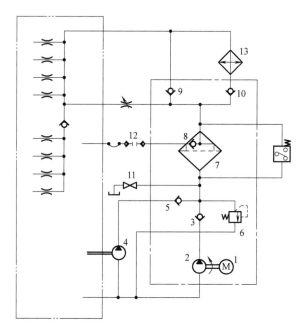

图 5-30　润滑油净化和温控系统

1—电动机　2、4—液压泵　3、5、8、9、10—单向阀　6—溢流阀　7—过滤器
11—截止阀　12—放气接头　13—冷却器

电动机 1 驱动液压泵 2，将油液从齿轮箱底部经过单向阀 3 泵入过滤器 7，由齿轮箱驱动的液压泵 4 将油液通过单向阀 5 泵入过滤器，由于单向阀 3 和单向阀 5 的单向功能，保证了这两个液压泵能够独立或同时工作。溢流阀 6 作为安全阀使用，为了防止系统压力过高对元器件造成损坏。

　　过滤器采用多级过滤精度的混合滤芯，在粗精度滤芯和高精度滤芯之间用单向阀 8 隔开，当油温较低时，由于油液黏度较高，通过高精度滤芯时产生的压降增大，当大于单向阀 8 的开启压力时，油液经过粗精度滤芯过滤后流过过滤器；随着温度的升高，通过高精度滤芯时产生压降逐渐减小，单向阀 8 开口逐渐减小直到完全关闭（大约 10℃ 时），油液完全流过高精度滤芯。采用这种结构的过滤器能够保证在任何情况下，进入齿轮箱的油液都是经过过滤的油液。

　　油液经过过滤后，由单向阀 9 和 10 分配其是直接进入齿轮箱或是经过冷却器 13 后进入齿轮箱。当油温较低时，由于黏度较大，通过冷却器的压差增大，当压差大于单向阀 9 的开启压力时，大部分油液通过单向阀 9 直接进入齿轮箱；同时仍有一小部分油液进入冷却器，这部分油液是从齿轮箱里流出的温度逐渐升高的油液，它逐渐将冷却器及连接管路中无法加热的油液替换出来，这就保证了冷却器里无论温度如何始终有油流过，避免了冷却器内冷热油流的突然切换，因为这样会导致冷却器内的压力出现剧烈升高。

　　截止阀 11 的作用是在更换滤芯时将过滤器壳体内的油液排出。

　　过滤器有压差发讯器，当滤芯堵塞严重时，会发出信号，此时应更换滤芯。

　　放气接头 12 的作用是尽可能将系统中的气泡排出，防止其进入润滑部位产生危害，同时能够降低齿轮箱噪声。

　　为了解决低温下起动时润滑油凝固的问题，有的润滑油净化和温控系统设有油加热装置。常见的油加热装置是电热管式的，装在油箱底部。在低温状况下起动时，利用油加热器加热油液后再起动机组，以避免因油的流动性不良而造成润滑失效，损坏齿轮和传动件。

　　润滑油净化和温控系统可以实现自动控制。机组每次起动，在齿轮箱运转前先起动润滑油泵，待各个润滑点都得到润滑后，间隔一段时间方可起动齿轮箱。当环境温度较低时，例如小于 10℃，须先接通电热器加热润滑油，达到预定温度后才投入运行。若油温高于设定温度，如 65℃ 时，机组控制系统将使润滑油进入系统的冷却管路，经冷却器冷却降温后再进入齿轮箱。润滑油净化和温控系统中还装有压力传感器和油位传感器，以监控润滑油的正常供应。如发生故障，监控系统将立即发出报警信号，使操作者能迅速判定故障并加以排除。图 5-31 为齿轮箱润滑油净化装置外形图。

　　润滑油系统中的冷却器常用风冷式的，如图 5-32 所示为冷却风扇。

2. 主轴与发电机轴承的润滑

　　主轴与发电机轴承多采用自动润滑方式。可以实现自动地定时、定量供油。图 5-33 为主轴承润滑系统。

图 5-31　齿轮箱润滑油净化装置外形图

图 5-32　冷却风扇

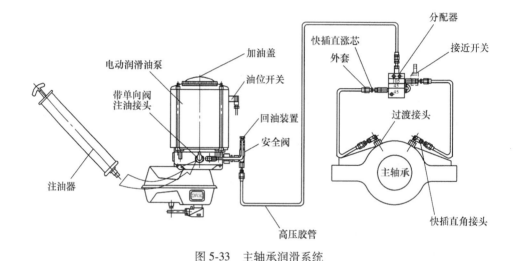

图 5-33　主轴承润滑系统

由图可见润滑系统由电动润滑油泵、安全阀、接近开关、高压胶管和分配器等元件组成，采用两个润滑点润滑主轴承。润滑油泵将油脂送往分配器。分配器可以将油脂以合适比例均匀分配到每个润滑点。如果发生堵塞，油脂可以从安全阀溢出。溢出的油脂送回泵内，避免污染环境。

为保证自动润滑系统能保障对每个自动润滑点润滑，系统配套有带监控功能的循环监测开关，可以对整套润滑系统运转是否正常进行监控，以避免意外事故的发生，保证润滑点能正常定时、定量地得到润滑。

当油箱里的油脂过少时，需要补充新的油脂，润滑泵自带油位监控开关，可以监测油箱内油脂的多少，当无油脂时，系统将进行报警。

发电机轴承的润滑系统与主轴承润滑系统相似。

3. 变桨距与偏航系统的润滑

这里首先介绍电变距的情况下，变桨距系统的自动润滑系统。

变桨距自动润滑系统分为三套，每一套对应一个叶片。与主轴承润滑系统相比，除轴承的润滑点增加之外，分配器变成两级。还有两个润滑点连接一个润滑小齿轮，用以润滑变桨距内齿圈。变桨距机构润滑系统如图 5-34 所示。

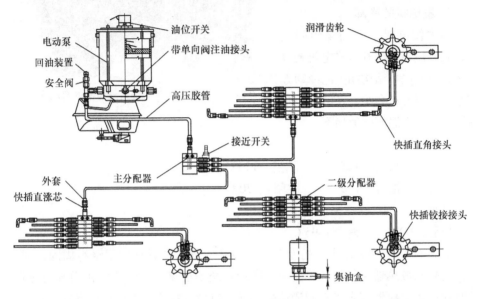

图 5-34　变桨距机构润滑系统

小齿轮润滑变桨距内齿圈是采用啮合的润滑方式。小齿轮中设有油脂的通道和沟槽，润滑油泵先将油脂送往小齿轮，然后通过啮合使变桨距内齿圈得到润滑。

变桨距减速机的润滑方式一般为浸油润滑和油脂润滑。减速机中加入润滑油液，而在减速器的输入轴、输出轴处，分别有润滑脂孔用于润滑轴承（见图 5-35）。

偏航机构的润滑系统与变桨距机构润滑系统类似，只是仅有一套机构。偏航齿圈的润滑也采用小齿轮啮合的润滑方式。图 5-36 所示是润滑小齿轮对偏航外齿圈的自动润滑。

由于偏航动作发生的频率较低，也有的风力发电机组不采用集中自润滑系统，而是用手动定期加注润滑油脂的方式进行润滑。

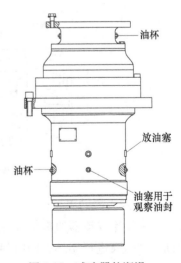

图 5-35　减速器的润滑

二、温控

主齿轮箱的温控问题已在前文介绍。这里介绍其他主要部件的冷却与加热方式。

1. 发电机的冷却

风力发电机一般为全封闭式的，其散热条件比开启式电机要差许多，与发电机结构相关的冷却方式在第三章已有介绍。发电机正常使用时，部件温度限值如下：

图 5-36　润滑小齿轮对偏航外齿圈的自动润滑

绕组：

B 级　　　报警：125℃　　　跳闸：135℃

F 级　　　报警：150℃　　　跳闸：170℃

轴承：

报警：90℃　　　跳闸：95℃

图 5-37 所示是采用水冷的发电机。冷却水管道布置在定子绕组周围，通过水泵与外部散热器进行循环热交换。冷却系统不仅直接带走发电机内部的热量，同时通过热交换器带走齿轮润滑油的热量。有效地提高了发电机的冷却效果。

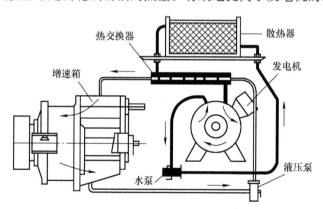

图 5-37　采用水冷的发电机

2. 变流器的温控

大功率变流器通常加设专门的温度控制系统，变流器中的控温介质可以借助于液压泵进行循环，同时根据环境温度对控温介质加热或冷却。控温介质是否通过冷却器由二位三通阀控制。图 5-38 为变流器温控系统原理图。

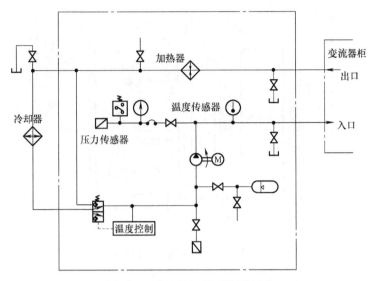

图 5-38　变流器温控系统原理图

　　变流器的冷却属于冷媒冷却，防冻冷媒一般是在纯净水中加入乙二醇及专用防腐剂。冷却器常采用风冷。

　　图 5-39 是变流器温度控制系统的外形图。

3. 变压器的冷却

　　前文已经提及，按冷却方式分，有油浸式变压器和干式变压器。油浸式变压器又分为油浸自冷式、油浸风冷式和强迫油循环式三种。油浸自冷式是依靠油的自然对流带走热量；油浸风冷式是在油浸自冷的基础上，另加风扇给油箱壁和油管吹风；强迫油循环式是用液压泵将变压器中的热油抽到变压器外的冷却器中冷却后再送回变压器。冷却器可以用水冷或风冷。

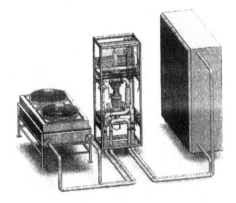

图 5-39　变流器温度控制系统外形图

　　干式变压器的冷却系统如图 5-40 所示，也属于冷媒冷却。有两个循环：空气在变压器壳体中循环，作为冷媒的液体在管道中循环。塔筒外的风扇是吹风，塔筒内的风扇是吸风。

4. 液压系统的温控

　　液压系统的油箱上设有温度传感器（见图 5-28），温度过高或过低时均可报

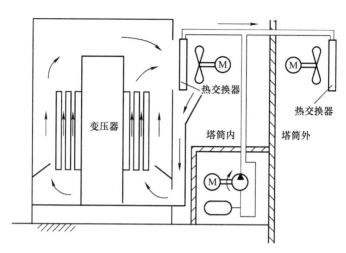

图 5-40 干式变压器的冷却系统

警。一般来说，温度过高是由于通风不畅或系统故障造成的，环境温度过高可以加冷却器，环境温度过低时应该设置加热器，否则由于在低温下油液黏度过高，起动时可能造成液压元件损坏。

第六章

控 制 系 统

本章重点介绍风力发电机组控制系统的结构与功能，以及安全监控、信号测量和人机界面等内容。

第一节　控制系统的结构与功能

一、控制系统的总体结构

风力发电机组的控制系统是一个综合性系统。尤其是对于并网运行的风力发电机组，控制系统不仅要监视电网、风况和机组运行数据，对机组进行并网与脱网控制，以确保运行过程的安全性和可靠性，还需要根据风速和风向的变化对机组进行优化控制，以提高机组的运行效率和发电质量。这正是风力发电机组控制中的关键技术，现代风力发电机组一般都采用微机控制，图6-1为一个大型风力发电机组控制系统的总体结构。图6-2为风力发电机组的微机控制原理框图。

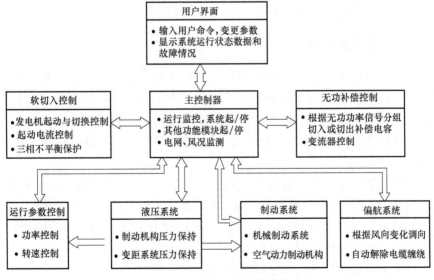

图 6-1　控制系统的总体结构

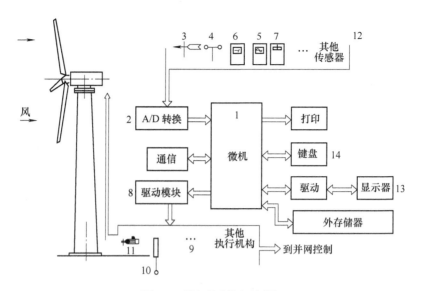

图 6-2　微机控制原理框图

1—微机　2—A/D 转换模块　3—风向仪　4—风速计　5—频率计　6—电压表　7—电流表

8—驱动模块　9—其他执行机构　10—液压缸　11—偏航电动机　12—其他传感器

13—显示器　14—键盘

风力发电机组的微机控制属于离散型控制，是将风向标、风速计、风轮转速，发电机的电压、频率、电流，电网的电压、电流、频率，发电机和增速齿轮箱等的温升，机舱和塔架等的振动，电缆过缠绕等传感器的信号经过模/数转换输送给微机，由微机根据设计程序发出各种控制指令。

二、主控系统硬件

大型风力发电机组的主控系统硬件一般由两部分组成：塔基控制器模块组和机舱控制器模块组。塔基控制器模块组安装在塔基电气控制柜内，机舱控制器模块组安装在机舱电气控制柜内。两组模块之间一般使用多芯多模光纤组成的工业以太网等通信方式进行通信，而每组控制器模块之间使用 CAN（现场控制网络）等通信总线协议进行内部通信。

塔基控制器模块组中的控制器模块一般包括：电源/通信模块、主控制器、电网测量模块、输入/输出模块、人机界面模块、现场总线通信接口等模块；机舱控制器模块组的控制器模块一般包括：电源/通信模块、输入/输出模块、人机界面模块、现场总线通信接口等模块。

主控系统的硬件具体结构如图 6-3 所示。

电源/通信模块可以为本组所有模块提供内部电源，并提供人机界面（显示

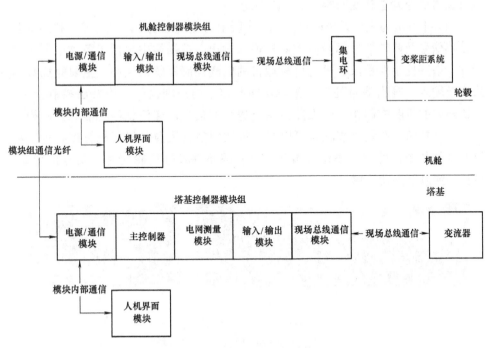

图 6-3 主控系统硬件结构

屏）或便携式计算机所需的通信接口及模块组之间通信所需的光纤端口。

主控制器是主控系统的核心部分，负责整个风力发电机组的控制与协调各个部件之间的动作，并可以提供与风电场通信的以太网口及监测控制器运行状态的安全继电器节点。

电网测量模块是与相关的电流互感器和电压互感器相连接，测量风力发电机组电网出口端的电压和电流，并经过计算得到所有电网信息，如电网电压、电网电流、有功功率、功率因数、无功功率、发电量等。

输入/输出模块是用于接收风力发电机组中各个数字和模拟信号，包括：风速信号、风向信号、转速脉冲信号、温度信号、压力信号、偏航角度计数脉冲信号、断路器和继电器通断状态信号、开关量信号等，并向所有执行机构控制继电器发出通断命令信号。

现场总线通信模块是以各种现场总线协议为基础，通过通信模块的内部转换单元，把外部部件的现场总线协议转换为主控制器可以识别的模块内部通信协议，这样主控系统就可以和任何现场总线通信协议的设备进行自由的交互数据和信息。例如，主控制器可以通过现场总线通信模块和变流器、变桨距系统进行现场总线通信，这样主控系统可以接收到变流器、变桨距系统的具体信息，也可以将命令发送到变流器、变桨距系统。

图6-4所示为主控系统硬件。图6-5所示为电气控制柜。风力发电机组的各种传感信号及控制信号都经由控制柜输入输出。控制柜中包括了各种电器控制元件。塔基控制柜是保证机组可靠运行的电气控制系统的核心，主要完成数据采集及输入、输出信号处理；逻辑功能判定；向外围执行机构发出控制指令；与机舱内的机舱控制柜、中央监控系统进行通信、传递信息等功能。控制柜上设有急停按钮，在紧急情况时可以操作该按钮执行紧急关机。机舱控制柜采集机舱内的各个传感器、限位开关的信号；采集并处理风轮转速、发电机转速、风速、温度及振动等信号。

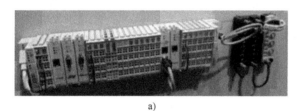
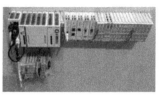

a)   b)

图6-4　主控系统硬件

a）机舱控制器模块组　b）塔基控制器模块组

a)   b)

图6-5　电气控制柜

a）塔基控制柜　b）机舱控制柜

三、控制系统的功能

风能是一种能量密度低、稳定性较差的能源，由于风速和风向的随机性，风力发电中会产生一些特殊问题，如：导致风力机叶片攻角不断变化，使叶尖速比偏离最佳值，对风力发电系统的发电效率产生影响；引起叶片的摆振与挥舞、塔架的弯曲与抖振等力矩传动链中的力矩波动，影响系统运行的可靠性和使用寿命；发电机发出电能的电压和频率随风速而变，从而影响电能的质量和风力发电机的并网。风力发电机机组的控制系统主要就是为了解决上述的相关问题。

由于风力发电的特点，风力发电机组是一个复杂多变量非线性系统，且有不确定性和多干扰等特点。风力发电系统控制的目标主要有：①保证系统的可靠运行；②能量利用率最大；③电能质量高；④机组寿命长。风力发电系统常规的控制功能有：①在运行的风速范围内，确保系统的稳定；②低风速时，跟踪最佳叶尖速比，获取最大风能；③高风速时，限制风能的捕获，保持风力发电机组的输出功率为额定值；④减小阵风引起的转矩波动峰值，减小风轮的机械应力和输出功率的波动，避免共振；⑤减小功率传动链的暂态响应；⑥控制器简单，控制代价小，对一些输入信号进行限幅；⑦确保机组输出电压和频率的稳定。

为了完成上述要求，控制系统必须根据风速信号自动进入起动状态、并网或从电网切出；根据功率及风速大小自动进行转速和功率控制；根据风向信号自动对风；根据功率因数自动投入（或切出）相应的补偿电容（对于设置补偿电容的机组）。当发电机脱网时，能确保机组安全关机；在机组运行过程中，能对电网、风况和机组的运行状况进行监测和记录，对出现的异常情况能够自行判断并采取相应的保护措施，并能够根据记录的数据，生成各种图表，以反映风力发电机组的各项性能指标；对于在风电场中运行的风力发电机组还应具备远程通信的功能。

第二节 安 全 保 护

风力发电机组的控制系统具有两种基本功能：一个是运行管理功能，另一个是安全保护功能。

风力发电机组的安全保护系统包括避雷系统、运行安全保护系统、微控制器抗干扰保护系统、微控制器的自动检测功能、紧急故障安全链保护系统、接地保护系统等构成。这些部分都不同程度地与控制系统相关。避雷系统和接地保护系统将在第八章介绍，这里介绍与控制系统关联较大的一些内容。

一、机组运行安全保护系统

1. 大风保护安全系统

多数机组取 10min 平均 25m/s 为切出风速，由于此时风的能量很大，系统必须采取保护措施，在关机前对失速型风力发电机组，风轮叶片自动降低风能的捕获，风力发电机组的功率输出仍然保持在额定功率左右，而对于变桨距风力发电机组，必须调解叶片桨距角，实现功率输出的调节，限制最大功率的输出，保证发电机运行安全。当大风关机时，机组必须按照安全程序关机。关机后，风力发电机组一般采取偏航 90°背风。

2. 电网失电保护

风力发电机组离开电网的支持是无法工作的。一旦失电，空气动力制动和机械制动系统动作，相当于执行紧急关机程序。这时舱内和塔架内的照明可以维持 15~20min。对由于电网原因引起的停机，控制系统将在电网恢复正常供电 10min 后，自动恢复正常运行。

3. 参数越限保护

在风力发电机组运行中，有许多参数需要监控，不同机组运行的现场，规定越限参数值不同，温度参数由计算机采样值和实际工况计算确定上下限控制，压力参数的极限，采用压力继电器，根据工况要求确定和调整越限设定值，继电器输入触点开关信号给计算机系统，控制系统自动辨别处理。电压和电流参数由电量传感器转换送入计算机控制系统，根据工况要求和安全技术要求确定越限电流、电压的参数。具体例子有：

1）超速保护：①当转速传感器检测到发电机或风轮转速超过额定转速的 110% 时，控制器将给出正常关机指令；②防止风轮超速，采取硬件设置超速上限，此上限高于软件设置的超速上限，一般在低速轴处设置风轮转速传感器，一旦超出检测上限，就引发安全保护系统动作。对于定桨距风力发电机组，风轮超速时，液压缸中的压力迅速升高，达到设定值时，突开阀被打开，压力油泄回油箱，叶尖扰流器旋转 90°成为阻尼板，使机组在控制系统或检测系统以及电磁阀失效的情况下得以安全关机。

2）超电压保护：超电压保护是指对电气装置元件遭到的瞬间高压冲击所进行的保护，通常对控制系统交流电源进行隔离稳压保护，同时装置加高压瞬态吸收元件，提高控制系统的耐高压能力。

3）超电流保护：控制系统所有的电器电路（除安全链外）都必须加过电流保护器，如熔丝、断路器等。

4. 振动保护

机组一般设有三级振动频率保护：振动开关、振动频率上限1、振动频率极限2，当振动开关动作时，系统将分级进行处理。

5. 开机保护

采用机组开机正常顺序控制，对于定桨距风力发电机组采取软切入控制限制并网时对电网的电冲击；对于同步风力发电机，采取同步、同相、同压并网控制，限制并网时的电流冲击。

6. 关机保护

风力发电机组在小风、大风及故障时需要安全关机，关机的顺序应先空气动力制动，然后软切除脱网关机。软脱网的顺序控制与软并网的控制基本一致。

二、微控制器抗干扰保护系统

微控制器抗干扰保护系统的作用是使微机控制系统或控制装置既不因外界电磁干扰的影响而误动作或丧失功能，也不向外界发送过大的噪声干扰，以免影响其他系统或装置正常工作。

干扰源有的来自系统的外部。例如，工业电器设备的电火花，高压输电线上的放电，通信设备的电磁波，太阳辐射，雷电以及各大功率设备开关时发出的干扰均属于这类干扰。另一类干扰来自微机应用系统内部。例如，电源自身产生的干扰，电路中脉冲尖峰或自激振荡，电路之间通过分布电容的耦合产生的干扰，设备的机械振动产生的干扰，大的脉冲电流通过地线电阻、电源内阻造成的干扰等均属这一类。

微控制器抗干扰保护系统应遵循的原则：①抑制噪声源，直接消除干扰产生的原因；②切断电磁干扰的传递途径，或提高传递途径对电磁干扰的衰减作用，以消除噪声源和受扰设备之间的噪声耦合；③加强受扰设备抵抗电磁干扰的能力，降低其噪声灵敏度。

抗干扰措施有：①进入微控制器所有输入信号和输出信号均采用光隔离器，实现微机控制系统内部与外界完全的电气隔离；②控制系统数字地和模拟地完全分开；③控制器各功能板所有电源均采用隔离电源；④输入输出的信号线均采用带护套的抗干扰屏蔽线；⑤微控制器的系统电路板由带有屏蔽作用的铁盒封装，以防外界的电磁干扰；⑥采用有效的接地系统等。

微控制器抗干扰保护系统的组成如图6-6所示。

三、安全链

安全链是独立于计算机系统的最后一级保护措施。将可能对风力发电机组

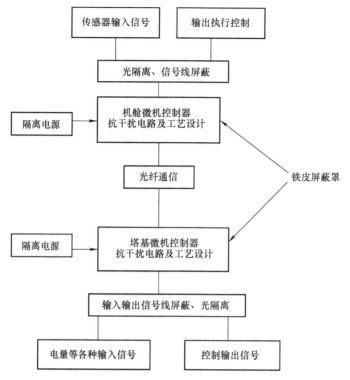

图 6-6　微控制器抗干扰保护系统的组成

造成致命伤害的故障节点串联成一个回路，一旦其中有一个动作，便会引起紧急关机反应。一般将如下传感器的信号串接在安全链中：如紧急关机按钮、控制器程序监视器（看门狗）、液压缸压力继电器、扭缆传感器、振动传感器、控制器 DC24V 电源失电等。图 6-7 是一个安全链组成的例子。

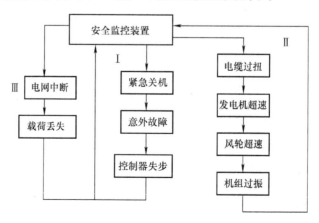

图 6-7　安全链组成

此外，如果控制计算机发生死机，风轮过转速或发电机过转速，也起动安全链。

紧急关机后，如果所有安全链相关的故障均已排除，只有手动复位后才能闭合安全链，重新启动。

第三节　信号测量

在风力发电机组运行过程中，必须对相关物理量进行测量，并根据测量结果发出相应信号，将信号传递到主控系统，作为主控系统发出控制指令的依据。

一、需要检测的信号

1）速度信号：发电机转速、风轮转速、偏航转速和方向等。

2）温度信号：主轴承温度、齿轮箱油温、液压油温度、齿轮箱轴承温度、发电机轴承温度、发电机绕组温度、环境温度、电器柜内温度、制动器摩擦片温度等。

3）位置信号：桨距角、叶尖扰流器位置、风轮偏角等。

4）电气特性：电网电流、电压、功率因数、电功率、电网频率、接地故障、逆变器运行信息等。

5）液流特性：液压或气压、液压油位等。

6）运动和力特性：振动加速度、轴转矩、齿轮箱振动、叶根弯矩等。

7）环境条件：风速、风向、湿度等。

二、风的测量

1. 测风系统

风的测量包括风向测量和风速测量。风向测量是指测量风的来向，风速测量是测量单位时间内空气在水平方向上所移动的距离。

自动测风系统主要由五部分组成。包括传感器、主机、数据存储装置、电源、安全与保护装置。

传感器分为风速传感器、风向传感器、温度传感器（即温度计）、气压传感器。输出信号分为数字或模拟信号。

主机利用微处理器对传感器发送的信号进行采集、计算和存储，由数据记录装置、数据读取装置、微处理器、就地显示装置组成。

由于测风系统安装在野外，因此数据存储装置（数据存储盒）应有足够的存储容量，而且为了野外操作方便采用可插接形式。系统工作一定时间后，将已存有数据的存储盒从主机上替换下来，进行风能资源数据分析处理。

测风系统电源一般采用电池供电。为了提高系统工作的可靠性，应配备一套或两套备用电源，如太阳能光电板等。主电源和备用电源互为备用，当某一个出现故障时可自动切换。对有固定电源地段（如地方电网），可利用其为主电源，但也应配备有一套备用电源。

由于系统长期工作在野外，输入信号可能会受到各种干扰。设备会随时遭受破坏，如恶劣的冰雪天气会影响传感器的信号，雷电天气干扰使传输信号出现误差，甚至毁坏设备。因此，一般在传感器输入信号和主机之间增设保护和隔离装置，从而提高系统运行的可靠性。另外，测风设备应远离居住区，并在离地面一定高度区内采取措施进行保护以防人为破坏。主机箱应严格密封，以防止沙尘进入。

总之，测风系统设备应具有较高的性能和精度，防止自然灾害和人为破坏，保证数据安全和准确。

2. 风向测量

（1）风向标

风向标是测量风向的最通用的装置，有单翼型、双翼型和流线型等。风向标一般是由尾翼、指向杆、平衡锤及旋转主轴 4 部分组成的首尾不对称的平衡装置。标式风向传感器（见图 6-8）。其重心在支撑轴的轴心上，整个风向标可以绕垂直轴自由摆动。在风的动压力作用下取得指向风的来向的一个平衡位置，即为风向的指示。传送和指示风向标所在方位的方法很多，有电触点盘、环形电

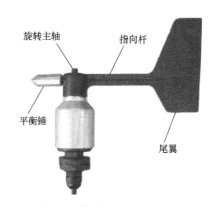

图 6-8　标式风向传感器

位器、自整角机和光电码盘 4 种类型，其中最常用的是码盘。

风向标一般安装在离地 10m 的高度上。

（2）风向表示

风向一般用 16 个方位表示，即北东北（NNE）、东北（NE）、东东北（ENE）、东（E）、东东南（ESE）、东南（SE）、南东南（SSE）、南（S）、南西南（SSW）、西南（SW）、西西南（WSW）、西（W）、西西北（WNW）、西北（NW）、北西北（NNW）、北（N）。静风记"C"。

也可以用角度来表示，以正北为基准，顺时针方向旋转，东风为 90°，南风为 180°，西风为 270°，北风为 360°，如图 6-9 所示。

3. 风速测量

（1）风速计

根据工作原理的不同，风速计可以分为：

1）旋转式风速计：它的感应部分是一个固定在转轴上的感应风的组件，常用的有风杯和螺旋桨叶片两种类型。风杯旋转轴垂直于风的来向，螺旋桨叶片的旋转轴平行于风的来向。

测定风速最常用的传感器是风杯（见图6-10），杯形风速器的主要优点是它与风向无关，所以获得了广泛的采用。

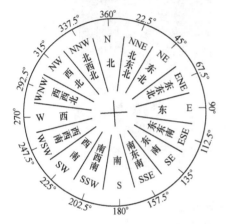

图 6-9　风向 16 方位图

图 6-10　旋转杯形风速计

杯形风速计一般由 3 个或 4 个半球形或抛物锥形的空心杯壳组成。风杯固定在互成 120°角的三叉星形支架上或互成 90°角的十字形支架上，杯的凹面顺着同一方向，整个横臂架则固定在能旋转的垂直轴上。

由于凹面和凸面所受的风压力不相等，在风杯受到扭力作用而开始旋转时，它的转速与风速成一定的关系。

2）声学风速计：又称超声波风速计（见图6-11），是利用声波在大气中传播速度与风速间的函数关系来测量风速。声波在大气中传播的速度为声波传播速度与气流速度的代数和。它与气温、气压、湿度等因素有关。在一定距离内，声波顺风与逆风传播有一个时间差。由这个时间差，便可确定气流的速度。

声学风速计没有转动部件，响应快，能测定

图 6-11　超声波风速计

沿任何指定方向的风速分量，但造价较高。一般的测量风速还是用旋转式风速计。

3）激光风速雷达：激光风速雷达（见图6-12）是建立在激光技术和多普勒频移原理基础上的，通过激光频率测量来测定风速。激光通过大气层时，大气层中的气溶胶粒子对入射光有散射效应，而运行的气溶胶粒子将使散射光的频率产生变化。在接收器内比较发射光的参考光和散射光的频率差，就可确定运载气溶胶粒子的气流速度。

a)   b)

图 6-12　激光风速雷达

a）地面测风用　b）机舱测风用

（2）风速记录

风速记录是通过信号的转换方法实现的，一般有4种方法：

1）机械式：当风速感应器旋转时，通过蜗杆带动蜗轮转动，再通过齿轮系统带动指针旋转，从刻度盘上直接读出风的行程，除以时间得到平均风速。

2）电接式：由风杯驱动的蜗杆，通过齿轮系统连接到一个偏心凸轮上，风杯旋转一定圈数，凸轮使相当于开关作用的两个接点闭合或打开，完成一次接触，表示一定的风行程。

3）电机式：风速感应器驱动一个小型发电机中的转子，输出与风速感应器转速成正比的交变电流，输送到风速的指示系统。

4）光电式：风速旋转轴上装有一圆盘，盘上有等距的孔，孔上面有一红外光源，正下方有一光电半导体，风杯带动圆盘旋转时，由于孔的不连续性，形成光脉冲信号，经光电半导体器件接收放大后变成电脉冲信号输出，每一个脉冲信号表示一定的风行程。

风速大小与风速计安装高度和观测时间有关。世界各国基本上都以10m高度处观测为基准，但取多长时间的平均风速不统一，有取 1min、2min、10min 平均风速，有取 1h 平均风速，也有取瞬时风速等。

我国气象站观测时有 3 种风速，一日 4 次定时 2min 平均风速、自记 10min 平均风速和瞬时风速。风能资源计算时，都用自记 10min 平均风速。极端风速计算时用最大风速（10min 平均最大风速）或瞬时风速。

根据得到的风测量数据，进行数据的验证及计算处理，从而得出能反映长期风况的代表性数据。将修正后的数据通过分析计算，变成评估风能资源所需要的标准参数。

三、常用传感器

传感器种类很多，表6-1列出风力发电机组部分常用传感器。

表 6-1　常用传感器

名称	外 形 图	说 明
电压互感器		互感器是一次系统和二次系统间的联络元件，用于分别向测量仪表、继电器的电压和电流线圈供电，反映电气设备正常运行和故障的情况，是一种专供测量仪表、控制及保护设备用的特殊变压器。电压互感器的一次侧绕组并联于电网，二次侧绕组向并联的测量仪表和继电器的电压线圈供电。电流互感器将高压电流和低压大电流变换成电压较低的小电流，提供给仪表使用。电流互感器的一次绕组匝数很少，使用时一次绕组串联在被测线路里
电流互感器		
编码器		增量型编码器（旋转型）用于测量发电机转角。工作原理为有一个中心有轴的光电码盘，其上有环形通、暗刻线，由光电反射和接收器件读取脉冲信号。并可以比较脉冲信号判断编码器旋转方向
位移传感器		用于测量变桨距液压缸活塞行程。长度测量通过保护管内部波导管内传输的电流脉冲完成。波导管是一种波导物质边界装置，是一根固体电介质杆或充满电介质的管状导体，可引导高频电磁波

（续）

名称	外 形 图	说 明
转速传感器（电感式接近开关）		用于检测低速轴和高速轴的转速，每当齿轮随转轴转过一个齿距，接近开关就会送出一个脉冲信号，脉冲信号的频率与被测轴的转速成正比（见图5-24）
振动分析器		内部有两个加速度计监测相互垂直的两个方向上的振动，具有内部报警功能，用户可以根据需要自行调整报警和延时时间，可以保证振动不超过设定的临界值
Pt100铂热电阻温度传感器		铂、铜导体的电阻值与温度的关系在很宽的范围内保持良好的线性度，用于前、后主轴承、齿轮箱油、发电机轴承及定子绕组等温度测量
振动开关		剧烈地振动可以激活振动传感器的微动开关，使风力发电机组停止工作。灵敏度可以通过上下移动摆锤来调整
偏航、解绕传感器		齿轮与偏航轴承轮齿啮合，当机舱和塔架相对转动时，可以将转动角度记录下来（见图5-23），用来记录偏航角度，限制风力发电机组电缆扭转的次数，并具有报警功能
电阻应变片	电阻丝式 箔式	受外力作用的物体将发生几何变形，应变则表征了受力物体所产生相对变形的程度。在弹性限度内，应力与应变呈线性关系。因此只要测得物体的应变，就可以知道该物体的受力情况。利用应变片可测量轴的转矩以及叶片根部受力等

第四节 人 机 界 面

人机界面是计算机与操作人员的交互窗口，其主要功能是风力发电机组运行操作、状态显示、故障监测和数据记录。下面以实例说明。

计算机的操作面板激活后显示总缆界面，如图 6-13 所示。总缆界面包括机组示意图、数据显示区和功能键。

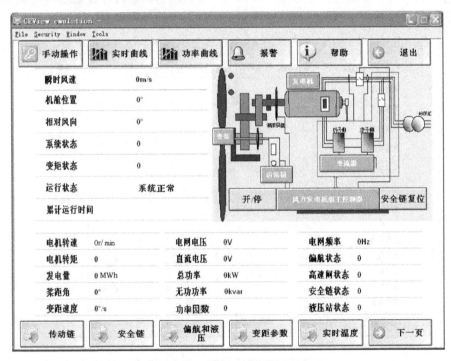

图 6-13 操作面板总缆界面

在一个机组群中对每一台机组来说，有两个可以控制机组的操作面板，分别是塔基操作面板和监控远程操作面板。两个面板按一定的优先级执行命令，其中塔基操作面板优先级较高。高优先级的面板起动后，自动屏蔽低优先级的操作面板，使低优先级的操作面板只能查看数据，不能进行任何功能性操作。

一、运行操作

1. 机组起停及复位

起动：系统处于停机模式，且无故障，按起/停键起动机组，机组起动后处于待机状态，根据工况进行自动控制。

关机：在除紧急停机和停机之外的任何状态下按起/停键，即可关机。

复位：在紧急停机状态下按复位键。机组复位进行如下操作：安全链复位，机组故障复位，机组状态复位到停机。

2. 手动操作

手动操作主要用于机组调试和检修。对机组的主要部件进行功能或逻辑测试。为了人身及机组安全，手动必须在停机状态下进行。

在停机状态下，按手动操作键进入手动状态。在手动状态下，可以按各功能键进行各种手动动作。手动操作状态时，先弹出密码输入界面如图 6-14 所示，双击密码输入框，小键盘弹出，输入密码，进入手动操作界面如图 6-15 所示。

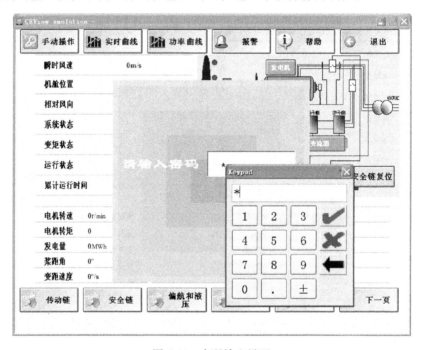

图 6-14 密码输入界面

3. 控制参数修改

控制参数可以修改，在数值显示栏双击就会弹出键盘，输入要修改的值，回车。操作需要相应的权限。偏航控制参数操作面板如图 6-16 所示。

二、状态显示

齿轮箱和主轴状态参数窗口如图 6-17 所示。

三、故障监测

故障监测窗口如图 6-18 所示。

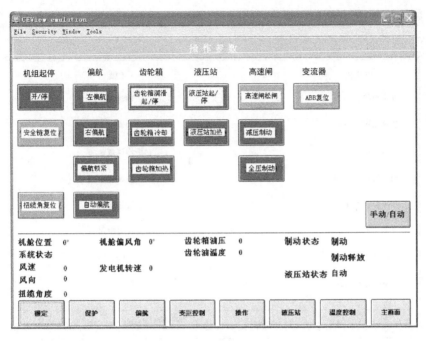

图 6-15　手动操作界面

图 6-16　偏航控制参数操作面板

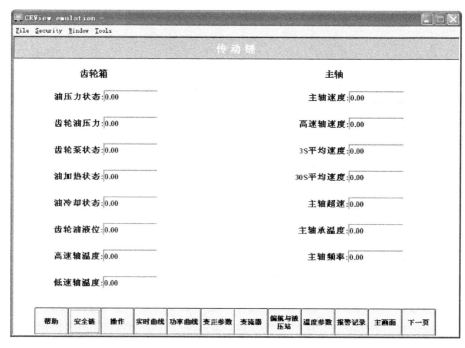

图 6-17　齿轮箱和主轴状态参数窗口

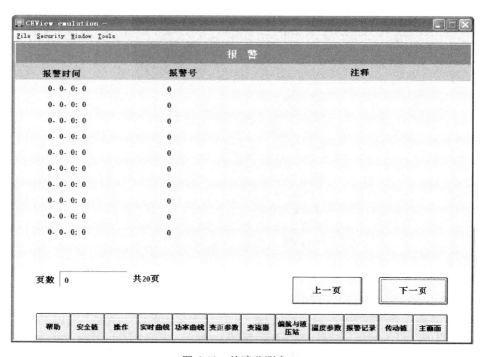

图 6-18　故障监测窗口

第五节 控制系统的智能化

为了使风力发电机组在时变的环境下高效稳定地运转，就要求风力发电机组足够智能，灵活变通地应对各种变数。智能控制作为一类无需人为干预的、基于知识规则和学习推理的、能独立驱动智能机器实现其目标的自动控制技术，因其不需要精确的数学模型，对非线性时滞系统具有很好的控制效果和鲁棒性（robust），因此已成为风电控制策略的重要发展方向。

一、基本目标

风力发电机组控制系统的基本功能是保障设备高效稳定运行。在此前提下，通过各种技术手段，综合各种内部、外部因素，进一步提高风力发电机组发电效率，降低运行载荷，提升适应性。目前，提出的智能型风力发电机组基本上都是基于以上目标。将风力发电机组这一传统机械行业的设备扩展到信息化领域，通过先进的传感器、高效的控制策略与算法、开放的设计思路进一步加强风力发电机组智能运营能力，实现自识别、自维护、自适应和自动跟踪，应对现实中的多种不确定性，有效地将风能转变成优质、清洁的电能。

二、主要内容

风力发电机组控制系统的主要组成包括输入、决策和执行 3 个主要步骤。通过先进传感器体系、智能的控制策略和先进的变桨距、偏航、变流子系统，将智能化的思路植入风力发电机组控制系统，应对各类运行环境的挑战。

现代风力发电机组依靠各类传感器了解作用在风力发电机组风轮上的驱动力。除了现有的风速风向仪、轮毂转速旋转编码器、叶片桨距角编码器等传感器之外，为了更全面地了解风轮的力学特性，一系列更先进的传感器被研发和应用。例如叶片载荷传感器阵列、激光雷达以及更全面的气象信息传感器。其中叶片载荷传感器阵列通过在叶片根部和其他部位的应力应变传感器（见图 6-19），实时侦测、反馈叶片所受的载荷，借以优化叶片极限和疲劳载荷，将设备运行的疲劳损耗降到最低，延长设备的服役年限。应用激光雷达侦测来流风速和风况，在风面未达到风轮平面，对风力发电机组产生影响之前，提前通知控制系统做出响应。全面的气象信息传感器涉及具体的气动力学，空气的密度、温度、空气中的沙尘、盐雾等对风力发电机组的运行产生影响的信息，收集这些信息，可以精确地自动调试风力发电机组，适应不同的工况环境。同时多台风力发电机组的传感器又构成了一个传感器网络，通过搜集区域内的气象特性，形成辅助风力发电机组运行的预测类功能，如风功率预测、风速预警、尾流偏航优化等。总之，通过先进的传感器和网络技术的应用，将风力发电机组置于一个广域的信息环境之中，使得一系列的预测和优化方法有了信息来源。

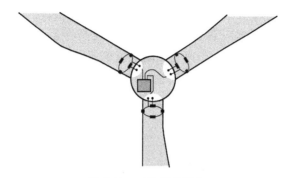

图 6-19　叶片载荷采集

　　智能化的控制策略和控制算法针对的不仅仅是典型的运行工况，还扩展到针对低风速、强阵风、高湍流、风切变、复杂地形、高风速、台风环境等特殊运行条件做出响应，确保风力发电机组在可能遇到的运行环境中处变不惊，游刃有余。风力发电机组通过高性能的控制器和先进的软件平台，将传统的、稳定可靠的 PID 控制与先进的预测算法、模式识别、优化算法相结合。通过强大的处理能力，解析传感器收集的信息，将非线性的控制模型线性化。通过全面的状态机控制，将风力发电机组的运行控制与外部环境结合起来。例如，风轮轴向推力与风轮的转速和风速直接相关，但其关系并不是线性的，在接近额定转速的运行区间，叶片推力有一个明显的尖峰，将对叶片的结构产生破坏性的影响。与之对应的，在风力发电机组控制算法中，专门有功能检测风轮的运行转速范围和风速范围，当风轮工作在推力尖峰区域时，采用专门的变桨距策略和运动控制，减低叶片负荷，保证风力发电机组稳定。在智能化的风力发电机组中，存在着一系列的专门代码，针对特殊的工况进行识别和处理，提升风力发电机组的运行适应性，包括独立变桨距技术、低速气动优化技术、智能润滑、智能偏航技术、阵风控制技术和振动抑制技术等。

　　同时，智能化的控制系统还通过通信与上层集控系统和其他风力发电机组交互信息，统计归纳风力发电机组运行数据，自动积累运行经验，通过对比、判断自身状态，提前预测风力发电机组故障，并执行相应的故障运行策略，在不影响风力发电机组长期效益的前提下，保障设备当前收益。

　　为了有效地执行控制系统的指令，智能型风力发电机组也具备智能化的执行系统，主要包括叶片变桨距系统、机舱偏航系统和功率变流系统。在单机功率等级和叶片直径越来越大的趋势下，叶片和变桨距系统也出现了新的技术。部分变桨距和边缘变桨距的智能叶片，通过更灵巧的方式达到改变叶片气动外形的目的，调节风力发电机组载荷，同时避免巨大叶片自身惯量带来的变桨距驱动系统负荷。自动均衡负荷和阻尼的偏航系统，将传统的电动机驱动方式，通过控制多个偏航电动机协同工作的方式，根据偏航力矩的情况施加制动力矩，同时在偏航运动的过程中通过运动控制方式平滑系统起动、关闭特性，降低对传动和机械部分的冲击。通过功能模块化、定制化的变流器，协同风力发电机组设计与控制的参数需求，提高风力发电机组整机的效率，同时具备一定的自我意识，在特殊工况下，协同整机控制，实现故障穿越。

第七章
风力发电机组的运行

本章介绍风力发电机组的常规运行过程和变桨距-变速恒频风力发电机组的运行特点和控制方式。

第一节 常规运行过程

一、风力发电机组的稳态工作点

当外部条件（如：负载、风速和空气密度等）和自身的参数确定，风力发电机组经过动态调整后将工作在某一平衡工作点，即稳态工作点。这个工作点取决于风力机、发电机的功率（或转矩)-转速特性。

图7-1表示的是风力机不同风速下的功率-转速特性以及发电机经由齿轮箱速比转换后的功率-转速特性曲线。从图中可见，当风速一定，对应于某一特定转速风力机输出功率最大。在不同风速下，风力机输出功率最大点的连线称为最佳风能利用系数曲线。图7-1中的垂直线是同步发电机随风速增加功率增大的

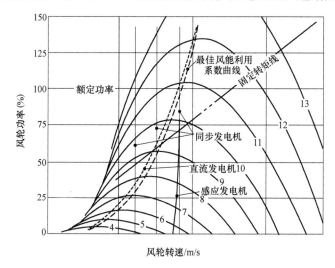

图 7-1 功率-转速特性曲线

情形。发电机自身的转速虽然很高，但处于齿轮箱低速端的风力机，其转速却是比较低的。感应发电机以略高于电网频率所对应的转速运行，因而它的特性曲线与同步机的特性曲线略有差异。直流发电机的功率则随着转速的增加而增加，并且其特性曲线形状非常接近风力机的最佳风能利用系数曲线。

风力机和发电机的功率-转速特性曲线的交点就是风力发电机组的稳态工作点。控制系统的任务就是在保证机组安全可靠运行的前提下，使风力发电机组的稳态工作点尽可能靠近风力机的最佳风能利用系数曲线，获得尽可能多的发电量，达到良好的经济效益。

二、风力发电机组工作状态及其转换

风力发电机组的工作状态分以下几种：①运行状态；②暂停状态；③停机状态；④紧急停机状态。每种工作状态可看作风力发电机组的一个活动层次，运行状态处在最高层次，紧急停机状态处在最低层次。

为了能够清楚地了解机组在各种状态条件下控制系统是如何反应的，必须对每种工作状态做出精确的定义。这样，控制软件就可以根据机组所处的状态，按设定的控制策略对偏航系统、液压系统、变桨距系统、制动系统等进行控制，实现状态之间的转换。

以下给出了4种工作状态的主要特征及其简要说明。

1）运行状态：机械制动松开；允许机组并网发电；机组自动偏航；液压系统保持工作压力；叶尖扰流器回收或变桨距系统选择最佳工作状态；冷却系统自动状态；操作面板显示"运行"状态。

2）暂停状态：机械制动松开；液压泵保持工作压力；机组自动偏航；叶尖扰流器弹出或变桨距顺桨；风力发电机组空转或停止；冷却系统自动状态；操作面板显示"暂停"状态。

这个工作状态在调试风力发电机组时非常有用，因为调试风力发电机组的目的是要求机组的各种功能正常，而不一定要求发电运行。

3）停机状态：机械制动松开；叶尖扰流器弹出或变桨距顺桨；液压系统保持工作压力，偏航系统停止工作；冷却系统非自动状态；操作面板显示"停机"状态。

4）紧急停机状态：机械制动与空气动力制动同时动作，紧急电路（安全链）开启；控制器所有输出信号无效；控制器仍在运行和测量所有输入信号；操作面板显示"紧急停机"状态。

当紧急停机电路动作时，所有接触器断开，计算机输出信号被旁路，使计算机没有可能去激活任何机构。

上述工作状态可以在既定的原则下进行转换。按图7-2所示，提高工作状态层次只能一层一层地上升，而要降低工作状态层次可以是一层或多层。这种工作状态之间转变方法的主要出发点是确保机组的安全运行。如果风力发电机组的工作状态要往更高层次转化，必须一层一层地往上升，当系统在状态转变过程中检测到故障，则自动进入停机状态。当系统在运行状态中检测到故障，并且这种故障是致命的，那么工作状态不得不从运行直接到紧急停机，这可以立即实现而不需要通过暂停和停止。

下面进一步说明工作状态转换过程。

（1）工作状态层次上升

1）从紧急停机到停机：如果停机状态的条件满足，则关闭紧急停机电路；建立液压工作压力；松开机械制动。

2）从停机到暂停：如果暂停的条件满足，则起动自动偏航系统；对变桨距风力发电机组，变桨距系统激活自动冷却开启。

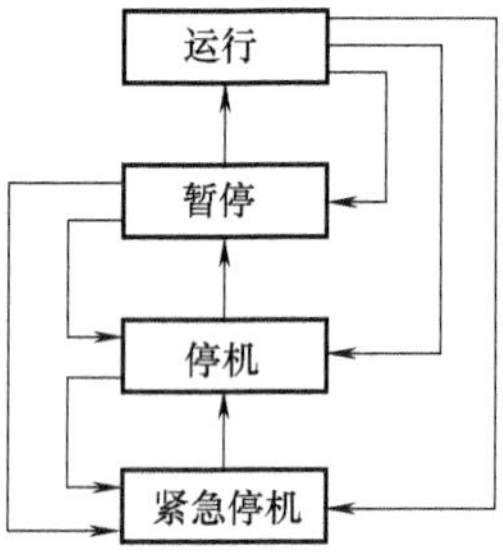

图7-2 工作状态的转换

3）从暂停到运行：如果运行的条件满足，则核对风力发电机组是否处于上风向；叶尖扰流器回收或变桨距系统投入工作；根据所测转速，确定发电机是否可以切入电网。

（2）工作状态层次下降

工作状态层次下降包括3种情况：

1）紧急停机：紧急停机也包含3种情况，即：从停止到紧急停机；从暂停到紧急停机；从运行到紧急停机。其主要控制指令为：打开紧急停机电路；置控制器所有输出信号于无效；制动系统作用；控制器中所有逻辑电路复位。

2）停机：停机操作包含了两种情况：从暂停到停机；从运行到停机。从暂停到停机：停止自动偏航；实行空气动力制动；自动冷却停止。从运行到停机：停止自动偏航；实行空气动力制动；自动冷却停止；发电机脱网。

3）暂停：如果发电机并网，调节功率降到零后切出发电机；如果发电机没有并入电网，则降低风轮转速至零。

图7-2所示的工作状态转换过程实际上还包含着一个重要的内容：当故障发生时，风力发电机组将自动地从较高的工作状态转换到较低的工作状态。故障处理实际上是针对风力发电机组从某一工作状态转换到较低的状态层次时可能产生的问题，因此检测的范围是限定的。为了便于介绍安全措施和对发生的每个故障类型处理，对每个故障应确定如下信息：故障名称；故障被检测的描述；当故障存在或没有恢复时的工作状态层次；故障复位情况（能自动或手动复位，

在机上或远程控制复位）。具体内容包括：

1）故障检测：控制系统设在顶部和地面的处理器都能够扫描传感器信号以检测故障，故障由故障处理器分类，每次只能有一个故障通过，只有能够引起机组从较高工作状态转入较低工作状态的故障才能通过。

2）故障记录：故障处理器将故障存储在运行记录表和报警表中。

3）对故障的反应：对故障的反应为以下3种情况之一：降为暂停状态；降为停机状态；降为紧急停机状态。

4）故障处理后的重新起动：在故障已被接受之前，工作状态层不可能任意上升。故障被接受的方式为：①如果外部条件良好，此外部原因引起的故障状态可能自动复位；②一般故障可以通过远程控制复位，如果操作者发现该故障可接受并允许起动风力发电机组，可以复位故障。

有些故障是致命的，不允许自动复位或远程控制复位，必须有工作人员到机组工作现场检查，这些故障必须在风力发电机组内的控制面板上得到复位。

故障状态被自动复位后10min将自动重新起动。但一天发生次数应有限定，并记录显示在控制面板上。

如果控制器出错，一般可通过自检后重新起动。

三、机组的起动方式

风力发电机组的起动方式包括自起动方式、本地起动方式和远程起动方式。

1）自起动：风力发电机组在系统上电后，首先进行10min的系统自检，并对电网进行检测，系统无故障后，安全链复位。然后起动液压泵，液压系统建压，在液压系统压力正常且风力发电机组无故障的情况下，执行正常的起动程序。

2）本地起动：即塔基面板起动。本地起动具有优先权。在进行本地起动时，应屏蔽远程起动方式。当机舱的维护按钮处在维护位置时，则不能响应该起动命令。

3）远程起动：远程起动是通过远程监控系统对单机中心控制器发出起动命令，在控制器收到远程起动命令后，首先判断系统是否处于并网运行状态或者正在起动状态，且是否允许风力发电机组起动。若不允许起动，将对该命令不响应，同时清除该命令标志；若电控系统有顶部或底部的维护状态命令时，同样清除命令，并对其不响应；当风力发电机组处于待机状态并且无故障时，才能在收到远程开机命令后，执行与面板开机相同的起动程序。在起动完成后，清除远程起动标志。

上述的常规控制内容只是介绍控制系统的部分控制功能。为了更好地实现所要求全部控制功能,必须对风力发电机组的稳态工作点进行精确控制,在这方面控制技术经历了3个主要发展阶段:从最初的定桨距恒速恒频控制到后来的变桨距控制,目前主要发展变桨距变速恒频控制。

第二节　变桨距-变速恒频机组

本节介绍的变桨距-变速恒频机组由变桨距风力机和变速恒频发电系统组成。此类风力发电机组种类较多,有些是目前的主流机型,如双馈风力发电机组、直驱同步风力发电机组等。

这类风力发电机组风力机采用变桨距技术,同时发电机有较大的变速范围,与恒速风力发电机组相比,其优越性在于:低风速时它能够根据风速变化,在运行中保持最佳叶尖速比以获得最大风能;高风速时利用风轮转速的变化,储存或释放部分能量,提高传动系统的柔性,使功率输出更加平稳。

变桨距-变速恒频风力发电机组与定桨距恒速风力发电机组的功率曲线比较如图7-3所示。可见,在额定功率的范围运行,变桨距控制使输出功率较为稳定,在额定功率范围以下运行,变转速可以更好地利用风力资源。

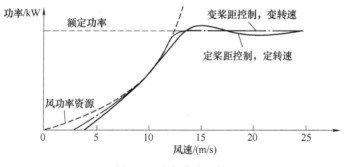

图7-3　功率曲线比较

一、起动与关机

各款变桨距-变速恒频风力发电机组的起动与关机策略有所不同,起动与关机时设定的变桨距角度和速度也有差异。为了具体说明,这里以某1.5MW的机组为例。

1. 起动

1)小风起动:若平均风速小于额定风速(11.7m/s),则进入小风起动状态。桨距角进行一次调整,目标值为15°,速率为2°/s。在此过程中,如果平均风速大于额定风速 2m/s，桨距角进行重新调整，目标值为 30°，进入大风起动状态。

2）大风起动：若平均风速大于额定风速，则进入大风起动状态。桨距角进行一次调整，目标值为 30°，速率为 2°/s。在此过程中，如果平均风速小于额定风速 2m/s，桨距角进行重新调整，目标值为 15°，进入小风起动状态。

3）桨距角进行二次调整：调整为最佳桨距角（0°），并将发电机转速目标值设定为风轮稳定运行时所允许的最低转速，随后以 2°/s 的速率变桨距，通过变桨距系统的闭环控制，将发电机转速恒定在并网同步转速范围内，转速在此范围内持续一段时间之后，开始并网。

2. 关机

风力发电机组有 6 个不同的关机过程，见表 7-1，其中前 4 个为正常运行状态控制，后两个由安全系统控制。

表 7-1 风力发电机组的典型关机过程

关机类别	变桨距系统动作	发电机动作	偏航系统是否继续运行	高速轴制动是否动作
正常关机	转速先以预定值下降，待发电机转速降到同步速以下且功率降到 10kW 以下时，发电机切出，变桨距以正常速度到顺桨位置		是	否
快速关机	3 个叶片以 10°/s 的速度顺桨	待发电机功率降到 10kW 以下时，发电机切出	是	否
电网失电关机	3 个叶片以 10°/s 的速度顺桨	由于电网故障或其他电气故障切出发电机	可能	否
变桨距电池关机	变桨距电池驱动叶片快速顺桨	待发电机功率降到 10kW 以下时，发电机切出	是	否
紧急关机	变桨距电池驱动叶片快速顺桨	发电机立即切出	否	否
紧急按钮关机	变桨距电池驱动叶片快速顺桨	发电机立即切出	否	是（延时 12s）

在表 7-1 的关机类型中，多数情况下以空气动力制动为主，而机械制动的介入是为了使风轮固定不动。

二、最佳风能利用系数

风力机的特性通常由一簇风能利用系数 C_p 的无因次性能曲线表示，风能利用系数是风力机叶尖速比 λ 的函数，如图 7-4 所示。

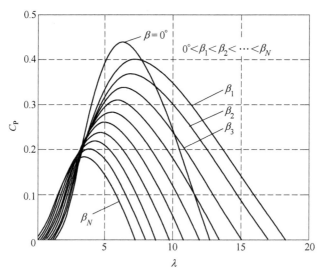

图 7-4　风力机性能曲线

$C_P(\lambda)$ 曲线是桨距角的函数。从图 7-4 上可以看到 $C_P(\lambda)$ 曲线对桨距角的变化规律，当桨距角逐渐增大时，$C_P(\lambda)$ 将显著地缩小。

如果保持桨距角不变，用一条曲线就能描述出风能利用系数作为 λ 函数的性能和可能获取的最大风能利用系数，如图 7-5 所示。

在风速给定的情况下，风轮获得的功率将取决于风能利用系数。如果在任何风速下，风力机都能在 C_{Pmax} 点运行，便可增加其输出功率。而只要使得风轮的叶尖速比 $\lambda = \lambda_{opt}$，就可维持风力机在 C_{Pmax} 下运行。因此，风速变化时，只要调节风轮转速（也即调节发电机的转速），使其叶尖速度与风速之比保持不变，就可获得最佳的风能利用系数。这就是变速风力发电机组进行转速控制的基本目标。

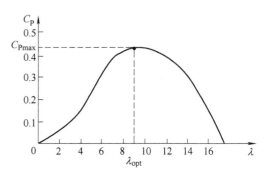

图 7-5　桨距角不变时风力机性能曲线

由于风速仪一般安装在风力机的尾流中，风速测量并不十分准确，很难建立转速与风速之间直接的对应关系。实际上并不是根据风速测量值来调整转速的。为此，可以修改功率表达式，以消除对风速的依赖关系，按已知的 C_{Pmax} 和

λ_{opt}计算P_{opt}。如用转速代替风速，则可以导出功率是转速的函数，立方关系仍然成立，即最佳功率P_{opt}与转速的立方成正比，即

$$P_{opt} = \frac{1}{2}\rho A_d C_{Pmax}\left[\left(R/\lambda_{opt}\right)\Omega\right]^3$$

式中　P_{opt}——最佳功率，单位为 W；

　　　　ρ——空气密度，单位为 kg/m^3；

　　　　A_d——风轮扫掠面积；

　　C_{Pmax}——最佳风能利用系数；

　　　　R——风轮半径，单位为 m；

　　λ_{opt}——最佳叶尖速比；

　　　　Ω——风力机风轮角速度，单位为 rad/s。

三、风力发电机组的运行区域

由于机械强度和其他物理性能的限制，风力发电机组的工作参数是有限度的，超过这个限度，机组的某些部分便不能工作。因此，风力发电机组的运行要受到功率、转矩和转速的限制。

图 7-6 所示是风力机在不同风速下的转矩-速度特性。由转矩、转速和功率的限制线划出的区域为风力机安全运行区域，即图中由 OAdcC 所围的区域，在这个区间中有若干种可能的控制方式。恒速运行的风力机的特性曲线为直线 XY。从图上可以看到，恒速风力机只有一个工作点运行在C_{Pmax}上。变速运行的风力机的工作点是由若干条曲线组成的，其中在额定风速以下的 ab 段运行在C_{Pmax}曲线上。

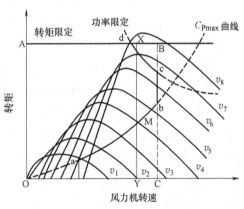

图 7-6　不同风速下的转矩-速度特性

a 点与 b 点的转速，即变速运行的转速范围，由于 b 点已达到转速极限，此后直到最大功率点，转速将保持不变，即 bc 段为转速恒定区。在 c 点，功率已达到限制点，当风速继续增加，风力机将沿着 cd 线运行以保持最大功率，但必须通过某种控制降低C_P值，限制气动力转矩。如果不采用变桨距方法，那就只有降低风力机的转速。从图 7-6 上可以看出，在额定风速以下运行时，变速风力发电机组并没有始终运行在最大C_P线上，而是由两个运行段组成。除了风力发电

组的旋转部件受到机械强度的限制原因以外，还由于在保持最大 C_P 值时，风轮功率的增加与风速的三次方成正比，需要对风轮转速或桨距角作大幅调整才能稳定功率输出，这将给控制系统的设计带来困难。

四、变速恒频运行状态

变速风力发电机组的运行根据不同的风况可分三个不同状态。

第一种状态是起动状态，发电机转速从静止上升到切入速度。对于目前大多数风力发电机组来说，风力发电机组的起动，只要当作用在风轮上的风速达到起动风速便可实现（发电机被用作电动机来起动风轮并加速到切入速度的情况例外）。在切入速度以下，发电机并没有工作，机组在风力作用下作机械转动，因而并不涉及发电机变速的控制。

第二种状态是风力发电机组切入电网后运行在额定风速以下的区域，风力发电机组开始获得能量并转换成电能。这一阶段决定了变速风力发电机组的运行方式。从理论上说，根据风速的变化，风轮可在限定的任何转速下运行，以便最大限度地获取能量，但由于受到运行转速的限制，不得不将该阶段分成两个运行区域；即变速运行区域（C_P 恒定区）和恒速运行区域。为了使风轮能在 C_P 恒定区运行，必须应用变速恒频发电技术，使风力发电机组转速能够被控制以跟踪风速的变化。

在更高的风速下，风力发电机组的机械和电气极限要求转子速度和输出功率维持在限定值以下，这个限制就确定了变速风力发电机组的第三种运行状态，该状态运行区域称为功率恒定区，对于恒速风力发电机组，风速增大，能量转换效率反而降低，而从风力中可获得的能量与风速的三次方成正比，这样对变速风力发电机组来说，有很大余地可以提高能量的获取。例如，利用第三种运行状态大风速波动特点，将风力发电机转速充分地控制在高速状态，并适时地将动能转换成电能。

五、变速控制策略

根据变速风力发电机组在不同区域的运行，将基本控制方式确定为低于额定风速时跟踪 C_{Pmax} 曲线，以获得最大能量；高于额定风速时跟踪 P_{max} 曲线，并保持输出稳定。

为了便于理解，首先假定变速风力发电机组的桨距角是恒定的。当风速达到起动风速后，风轮转速由零增大到发电机可以切入的转速，C_P 值不断上升，风力发电机组开始作发电运行。通过对发电机转速进行控制，风力发电机组逐

渐进入 C_P 恒定区（$C_P = C_{Pmax}$），这时机组在最佳状态下运行。随着风速增大，转速亦增大，最终达到一个允许的最大值，这时，只要功率低于允许的最大功率，转速便保持恒定。在转速恒定区，随着风速增大，C_P 值减少，但功率仍然增大。达到功率极限后，机组进入功率恒定区，这时随风速的增大，转速必须降低，使叶尖速比减小的速度比在转速恒定区更快，从而使风力发电机组在更小的 C_P 值下作恒功率运行。图 7-7 表示了变速风力发电机组在三个工作区运行时，C_P 值的变化情况。

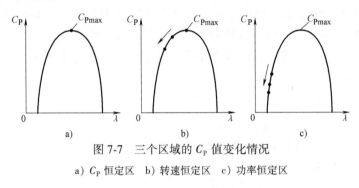

图 7-7　三个区域的 C_P 值变化情况

a）C_P 恒定区　b）转速恒定区　c）功率恒定区

1. C_P 恒定区

在 C_P 恒定区，风力发电机组受到给定的功率-转速曲线控制。P_{opt} 的给定参考值随转速变化，由转速反馈算出。P_{opt} 以计算值为依据，连续控制发电机输出功率，使其跟踪 P_{opt} 曲线变化。用目标功率与发电机实测功率之偏差驱动系统达到平衡。

功率-转速特性曲线的形状由 C_{Pmax} 和 λ_{opt} 决定。图 7-8 给出了转速变化时不同风速下风力发电机组功率与目标功率的关系。

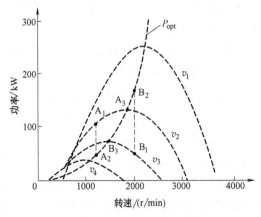

图 7-8　转速变化时不同风速下风力发电机组功率与目标功率的关系

如图 7-8 所示，假定风速是 v_2，点 A_2 是转速为 1200r/min 时发电机的工作点，点 A_1 是风力机的工作点（经转换），它们都不是最佳点。由于风力机的机械功率（A_1 点）大于电功率（A_2 点），过剩功率使转速增大（产生加速功率），后者等于 A_1 和 A_2 两点功率之差。随着转速增大，目标功率遵循 P_{opt} 曲线持续增大。同样，风力机的工作点也沿 v_2 曲线变化。工作点 A_1 和 A_2 最终将在 A_3 点交汇，风力机和发电机在 A_3 点功率达成平衡。

当风速是 v_3，发电机转速大约是 2000r/min。发电机的工作点是 B_2，风力机的工作点是 B_1。由于发电机负荷大于风力机产生的机械功率，故风轮转速减小。随着风轮转速的减小，发电机功率不断修正，沿 P_{opt} 曲线变化。风力机械输出功率亦沿 v_3 曲线变化。随着风轮转速降低，风轮功率与发电机功率之差减小，最终两者将在 B_3 点交汇。

2. 转速恒定区

如果保持 C_{Pmax}（或 λ_{opt}）恒定，即使没有达到额定功率，发电机最终将达到其转速极限。此后风力机进入转速恒定区。在这个区域里，随着风速的增大，发电机转速保持恒定，功率在达到极值之前一直增大。控制系统按转速控制方式工作。风力机在较小的 λ 区（C_{Pmax} 的左面）工作。图 7-9 所示为发电机在转速恒定区的控制方案。其中 n 为转速当前值，Δn 为设定的转速增量，n_r 为转速限制值。

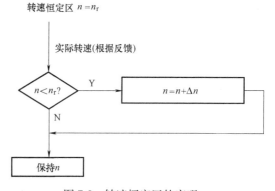

图 7-9 转速恒定区的实现

3. 功率恒定区

随着功率的增大，发电机和变流器将最终达到其功率极限。在功率恒定区，必须靠降低发电机的转速使功率低于其极限。随着风速的增大，发电机转速降低，使 C_P 值迅速降低，从而保持功率不变。

增大发电机负荷可以降低转速。只是风力机惯性较大，要降低发电机转速，将动能转换为电能。图 7-10 所示为发电机在功率恒定区的控制方案。其中 n 为转速当前值，Δn 为设定的转速增量。

如图 7-10 所示，以恒定速度降低转速，从而限制动能变成电能的能量转换。这样，为降低转速，发电机不仅有功率抵消风的气动能量，而且抵消惯性释放的能量。因此，要考虑发电机和变流器两者的功率极限，避免在转速降低过程中释放过多功率。例如，把风轮转速降低率限制到1（r/min）/s，按风力机的惯性，这大约相当于额定功率的10%。

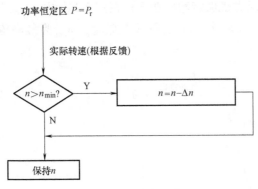

图7-10　恒定功率的实现

由于系统惯性较大，必须增大发电机的功率极限，使之大于风力机的功率极限，以便有足够空间承接风轮转速降低所释放的能量。这样，一旦发电机的输出功率高于设定点，那就直接控制风轮，以降低其转速。因此，当转速慢慢降低，功率重新低于功率极限以前，功率会有一个变化范围。

六、变桨距、变速双重控制

在变速风力机的开发过程中，对采用单一通过发电机的转速控制和加入变桨距控制两种方法均作了大量的实验研究。结果表明：在高于额定风速的条件下，加入变桨距调节的风力发电机组，显著提高了传动系统的柔性及输出的稳定性。因为在高于额定风速时，追求的是稳定的功率输出。采用变桨距调节，可以限制转速变化的幅度。根据图7-4，当桨距角向增大方向变化时，C_P 值得到了迅速有效的调整，从而控制了由转速引起的发电机反力矩及输出电压的变化。采用转速与桨距双重调节，虽然增加了额外的变桨距机构和相应的控制系统的复杂性，但由于改善了控制系统的动态特性，仍然被普遍认为是变速风力发电机组理想的控制方案。

高于额定风速时，变速风力发电机组的变速能力主要用来提高传动系统的柔性。为了获得良好的动态特性和稳定性，在高于额定风速的条件下采用变桨距控制得到了更为理想的效果。

在低于额定风速的条件下，变速风力发电机组的基本控制目标是跟踪 C_{Pmax} 曲线。此时叶片应处在风能利用系数 C_P 最大的位置（桨距角在 0° 左右），根据图7-4，增加桨距角会迅速降低风能利用系数 C_P 值，这与控制目标是相违背的，因此在低于额定风速的条件下加入变桨距调节是不合适的。

图 7-11 所示为变桨距变速恒频风力发电机组的运行区域的参数变化。在图 7-11a 中，P_N 为风力机额定输出功率；在图 7-11b 中，ω_{min} 为风力发电机组应从电网中切除的最低角频率；ω_1 为同步角频率；ω_{max} 为最高角频率；P_{eN} 为额定总电磁功率。

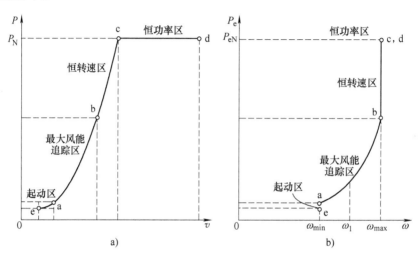

图 7-11 变桨距变速恒频风力发电机组的运行区域的参数变化
a）风力机输出功率-风速关系 b）发电机输出功率-转速关系

由图 7-11 可见，在恒功率阶段通过对发电机转矩和桨距角的双重调节，发电机转速和转矩都不改变，保持发电机的功率在额定值附近。同时，利用风轮转速的变化，储存或释放部分能量，限制机组获得的风能，提高传动系统的柔性保证发电机输出功率平稳，避免变桨距频繁动作，获得更好的动态特性。

七、过渡区域功率控制方式

过渡区域功率控制目的是在机组运行状态转换时，减少风轮的机械应力和输出功率的波动；减小功率变化对传动链的暂态响应。

1. 变速与变桨距的分步控制

图 7-12 所示为变速与变桨距分步过渡的运行特性。对于理想的运行特性曲线，要求在额定运行点 c 具有较强的变速和变桨距的耦合控制作用，这对于控制系统和各执行机构的协调性要求较高，如果把 c 点作为转矩控制和变桨距控制器的切换点，在风况变化很快的情况下，有可能在 c 点造成较大的功率和转速波动，甚至失去稳定。

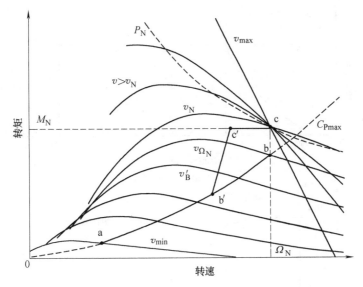

图 7-12　变速与变桨距分步过渡的运行特性

　　早期的变速恒频风力发电机组为解决此问题，常采用变速与变桨距的分步控制方法。例如，在 c′ 点以下，转矩控制是激活的，而桨距角给定值被固定在最优限定值上；而高于 c′ 点时，变桨距控制是激活的，转矩给定值被固定在额定值上。机组由变速区域过渡到额定点的轨迹为 ab′c′c，虽然最终的额定运行点是一样的，但 b′c′ 段没有运行 C_{Pmax} 曲线上。在 c′ 点，机组就达到了额定转矩 $M_N = P_N/\Omega_N$，之后的 c′c 段，机组以恒转矩运行。可见在过渡过程中，变桨距调节只参与了最后一部分，简化了控制系统算法，且由于 c′c 之间的转速差而存在较大的调节裕度，但也不可避免地带来了一部分功率损失，如图 7-13 所示。

2. 变速与变桨距的协调控制

　　在实际的运行中，由于风轮动态特性的影响，如果在额定点 c 附近的状态只靠变速控制或变桨距控制向额定运行点 c 进行回归，将很难使机组的运行状态稳定在 c 点，这是因为转矩调节和转速调节的效果存在较大的时间差。那么可取的方法是同时运行两个控制器，其条件是，在远离额定风速时，置其中一个或另一个控制环饱和。因此，在大多数时间里还是只有一个控制器处于激活状态，但是在接近额定点时它们可以建设性的相互干预。

　　有一种算法是在 PID 控制器中，引入转速误差同时还引入转矩误差项。在额定值以上，由于转矩给定值饱和在额定值，转矩误差为零，但是在额定值以下转矩误差为负值，积分项会使桨距角给定值偏向最优限定值，防止变桨距控

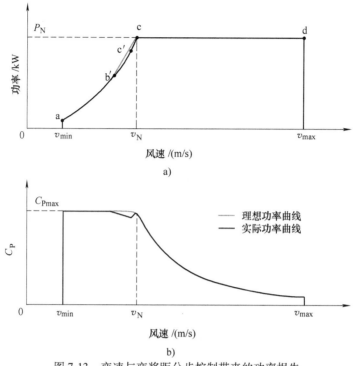

图 7-13 变速与变桨距分步控制带来的功率损失

a）功率-风速关系 b）风能利用系数-风速关系

制器在低风速时动作，而比例项在风速增加很快时有助于在转矩达到额定值之前起动变桨距。

运行在额定风速以上时也要防止转矩给定值跌落，当桨距角不在最优限定时，采用转矩的单项控制是一种有效地防止转矩给定值降低的方法。用风轮的动能来避免瞬时的功率降低，也能使功率在额定风速附近平稳输出。

为达到理想的平稳效果，可以选择在到达稳定点 c 之前提前变桨距，如图 7-14 所示。控制风轮吸收的机械功率，限制风轮过大的动态惯性能量冲击，这样的控制方法可以有效地增强系统可控性和可靠性，但是带来的不利因素是将提高机组的额定风速，也提高了 bc 过渡区域的长度。尽管如此，目前大多数的变速恒频风力发电机组还是采用了这样的过渡方式，毕竟在额定点控制瞬态载荷是非常重要的，而且事实上采用这样的过渡方式带来的功率损失也很小。

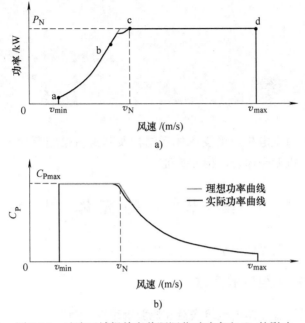

图 7-14　过渡区域提前变桨距调节对功率和 C_P 的影响

a）功率-风速关系　b）风能利用系数-风速关系

第八章
支 撑 体 系

本章介绍风力发电机组的支撑体系结构及其避雷措施等内容。风力发电机组的支撑结构有机舱壳体、塔架和基础。

第一节 机舱壳体

不同类型的机舱壳体差别很大，这里举例说明。

一、双馈式机组机舱壳体

双馈式机组机舱壳体由机舱底盘和机舱罩组成。

1. 机舱底盘

机舱底盘上布置有主传动机构、发电机、偏航驱动等部件，起着定位和承载的作用，图8-1所示为双馈式机组机舱底盘。机组载荷都通过机舱底盘传递给塔架，机舱底盘具有较高的强度和刚度，还具有良好的减振特性。机舱底盘分为前后两部分。前机舱底盘多用铸件（见图8-2），后机舱底盘多用焊接件。图8-3所示为机舱底盘照片。

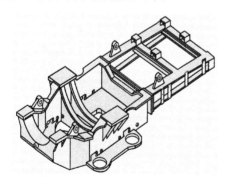

图 8-1 双馈式机组机舱底盘

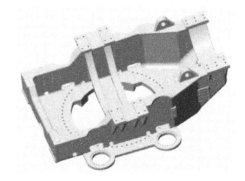

图 8-2 前机舱底盘

2. 机舱罩

双馈式机组机舱罩可分为下舱罩和上舱罩两部分（见图8-4）。机舱罩一般由厚度为8~10 mm的玻璃纤维增强塑料制造，上下舱罩可通过向机舱内部凸起

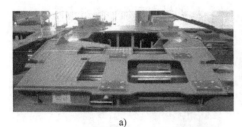

a)   b)

图 8-3 安装中的机舱底盘
a）后视　b）侧视

和带数 10 个螺钉孔的凸缘，用不锈钢螺栓连接成整体。上下舱罩均带有中空式加强筋。网格式的加强筋分布在上下舱罩的里面。

图 8-4 机舱罩

由于偏航回转支撑轴承内圈与机舱底盘的凸缘用一组螺钉固定连接在一起，而偏航回转支撑轴承的带外齿的外圈与塔筒顶部的凸缘用一组螺栓紧固连接在一起，为防止雨水，下舱罩底部设有一个大圆孔，此圆孔应将上述带外齿的回转支撑轴承外圈包含在机舱内部。

下舱罩底部还设有两个可遮盖的通风孔以及吊车起吊重物用的孔（吊车的起重链条通过此孔）；舱罩后部设有百叶窗式的通风孔。

下舱罩下部内表面上一定的位置和高度处，间隔的固定有若干个与机舱底盘的支架互相固定的机舱连接板；带有橡胶减振器的螺栓穿过机舱连接板上的孔和机舱底盘支架上相应的孔，用减振螺栓将机舱固定在机舱底盘上。

机舱罩的上舱罩顶部设有通风口，（便于人员到机舱顶上去安装、修理在舱顶的风速风向仪）以及两个安装风力发电机组用的吊孔。

二、直驱式机组机舱壳体

与双馈式机组机舱壳体不同，有的直驱式机组机舱壳体由前后两部分组成，如图 8-5 所示。在机舱中，装有偏航系统、冷却系统、润滑系统、除湿装置和内部吊车等，还设有冷却接口、逃生口和进风口等。

前机舱壳体（见图 8-6）是承载部件。前部与

图 8-5 直驱式机组机舱壳体

发电机锥形支撑连接，下部与塔筒连接，将风轮的轴向载荷传递给塔筒。

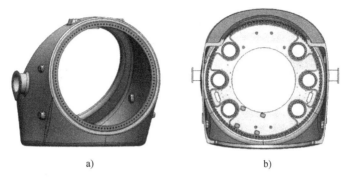

a)   b)

图 8-6 前机舱壳体

a）侧视 b）仰视

第二节 塔 架

塔架的功能是支撑位于空中的风力发电系统，塔架与基础相连接，承受风力发电系统运行引起的各种载荷，同时传递这些载荷到基础，使整个风力发电机组能稳定可靠地运行。

一、塔架的分类

按结构的不同，塔架可分为：

1. 拉索式塔架

如图 8-7 所示，拉索式塔架是单管或桁架与拉索的组合，采用钢制单管或角铁焊接的桁架支撑在较小的中心地基上，承受风力发电系统在塔顶以上各部件的气体及质量载荷，同时通过数根钢索固定在离散的地基上，由每根钢索设置螺栓进行调节，保持整个风力发电机组对地基的垂直度。这种组合塔的设计简单，制造费用较低，适用于中、小型风力发电机组。

2. 桁架式塔架

采用钢管或角铁焊接成截锥形桁塔支撑在地基上，桁塔的横截面多为正方形或正多边形。桁塔的设计简单，制造费用较低，并可以沿着桁塔立柱的脚手架爬升至机舱，但其安全性较差。另外，从风力发电机组的总体布局看，机舱与地面设施的连接电缆等均暴露在外面，因而桁塔的外观形象较差。图 8-8 所示为桁架式塔架。

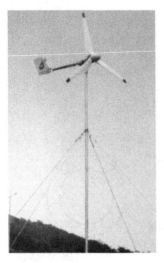

图 8-7 拉索式塔架

图 8-8 桁架式塔架

3. 锥筒式塔架

锥筒式塔架可以分为三类:

1) 钢制塔架:采用强度和塑性较好的多段钢板进行滚压,对接焊成截锥式筒体,两端与法兰盘焊接而构成截锥塔筒。采用截锥塔筒可以直接将机舱底盘固定在塔顶处,对于塔梯、安全设施及电缆等不规则部件或系统布局都包容在筒体内部,并可以利用截锥塔筒的底部空间设置各种必需的控制及监测设备,因此采用锥筒塔的风力发电机组的外观布局很美观。对比桁架式塔架结构,虽然截锥塔筒的迎风阻力较大,但在目前大型风力发电机组,仍然广泛采用这种塔架。

2) 钢混组合塔架:这种锥筒塔架是分段采用钢制与钢筋混凝土制造的两种塔筒组合,其主要构造特点:锥筒塔架分为上、下两段,其上段为钢制塔架,下段则为钢筋混凝土塔架。图 8-9 所示为钢混组合塔架,钢制塔架在距地面的一定高度(约为 20m 左右)处,与钢筋混凝土塔筒顶部相连。接界面约在支撑平台表面以下 5m 处。

3) 钢筒夹混塔架:这种锥筒塔架采用双层同心的钢筒,在钢筒间填充混凝土制造而成,钢筒夹混塔架横截面如图 8-10 所示。

二、塔架结构

本节主要介绍钢制塔架。钢制塔架由塔筒、塔门、塔梯、电缆梯与电缆卷筒支架、平台、外梯、照明设备、安全与消防设备等组成。

图 8-9 钢混组合塔架

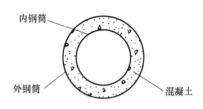

图 8-10 钢筒夹混塔架横截面

1. 塔筒

塔筒（见图 8-11a）是塔架的主体承力构件。为了吊装及运输的方便，一般

a)   b)

图 8-11 塔筒

a) 内部结构 b) 连接方式

将塔筒分成若干段，并在塔筒底部内、外侧设法兰盘，或单独在外侧设法兰盘采用螺栓与塔基相连，其余连接段的法兰盘为内翻形式，均采用螺栓进行连接（见图 8-11b）。根据结构强度的要求，各段塔筒可以用不同厚度的钢板。

由于风速的剪切效应影响，大气风速随距地面高度的增高而增大（见图 2-5），因此普遍希望增高机组的塔筒高度，可是增加塔筒高度将使其制造费用相应增加，随之也带来技术及吊装的难度，需要进行技术与经济的综合性考虑。

图 8-12 所示为塔筒内侧仰视照片，图 8-13 所示为塔筒的下部结构。塔筒下部装有主变压器、环网柜（主变压器与电网连接）、变流器柜、中压开关柜、外置热交换器、不间断电源、主控柜、SCADA（数据采集与监视控制）系统接口和登机入口等。

图 8-12　塔筒内侧

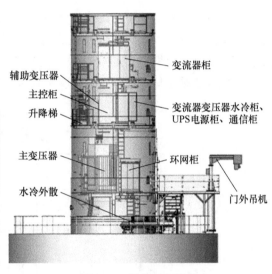

图 8-13　塔筒下部结构

当风力发电机组处于偏离设计风速分布较大的风电场运行时，很有可能难以获得预期的发电效果，在机组风轮一定的条件下，最佳的弥补方法是改变塔筒的高度，使机组能获得满意的风速而运行，为此同一种风力发电机组中，经常配有不同高度的塔筒。

图 8-14 给出由统计方法得出的轮毂高度与风轮直径的关系。图中表明，风轮直径减小，塔架的相对高度增加。小风力机受到环境的影响较大，塔架相对高一些，可使它在风速较稳定的高度上运行。25m 直径以上的风轮，其轮毂中心高与风轮直径的比基本为 1∶1 左右。

2. 平台

塔架中设置若干平台（见图 8-15），为了安装相邻段塔筒、放置部分设备和

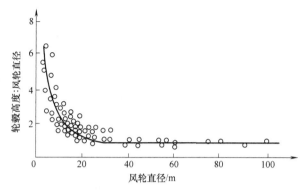

图 8-14 轮毂高度与风轮直径的关系

便于维修内部设施。塔筒连接处平台距离法兰接触面 1.1m 左右，以方便螺栓安装。另外，还有一个基础平台，位置与塔门位置相关，平台是由若干个花纹钢板组成的圆板，圆板上有相应的电缆桥与塔梯通道，每个平台一般有不少于 3 个的吊板通过螺栓与塔壁对应固定座相联接，平台下面还设有支撑钢梁。

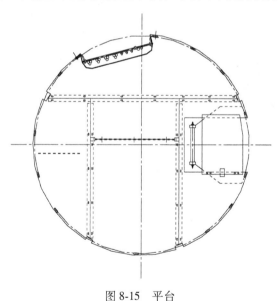

图 8-15 平台

3. 电缆及其固定

电缆由机舱通过塔架到达相应的平台或拉出塔架以外。从机舱拉入塔架的电缆如图 8-16 所示。进入塔架后经过电缆卷筒与支架。电缆卷筒与支架位于塔架顶部，保证电缆有一定长度的自由旋转，同时承载相应部分的电缆重量。电缆通过支架随机舱旋转，达到解缆设定值后自动消除旋转，安装维护时应检查

第八章 支撑体系 203

电缆与支架间隙，不应出现电缆擦伤。经过电缆卷筒与支架后，电缆由电缆梯固定并拉下。

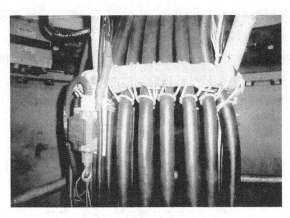

图 8-16 机舱拉入塔架的电缆

4. 内梯与外梯

内梯与外梯用于管理和维修人员登上机舱。外梯有直梯和螺旋梯两种，如图 8-17 所示。

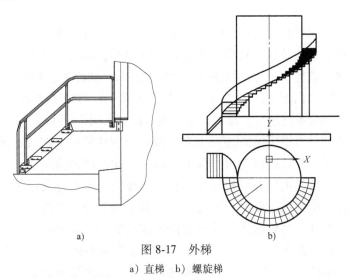

a)   b)

图 8-17 外梯

a）直梯 b）螺旋梯

三、塔架的固有频率

塔架的振动是风力发电机组维护中值得关心的问题。振幅的大小与激振频率和塔架的固有频率有关。

对于塔架刚度、分布质量沿其高度变化的系统，其固有频率可运用有限元数值计算方法求得。图8-18给出几种不同形式塔架的材料、刚性、质量、一阶固有频率。

风轮转动引起塔架受迫振动的模态是复杂的：有风轮转子残余的旋转不平衡质量产生的塔架以每秒转数 n 为频率的振动；由于塔影响、不对称空气来流、风剪切、尾流等造成的频率为 Nn 的振动（N 为叶片数）。塔架的一阶固有频率与受迫振动频率 n、Nn 值的差别必须超过这些值的20%以上，才能避免共振。并且必须注意避免高次共振。

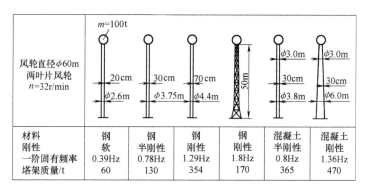

图8-18 塔架的参数

事实上，塔顶安装的风轮、机舱等集中质量已和塔架构成了一个系统，并且机舱集中质量又处于塔架这样一个悬臂梁的顶端，因而它对系统固有频率的影响很大。如果塔架-机舱系统的固有频率大于 Nn，被称为"刚性塔"；介于 n 与 Nn 之间的为"半刚性塔"；系统的固有频率低于 n 的是"柔塔"。塔架的刚性越大，质量和成本就越高。目前，大型风力机多采用半刚性塔。

恒定转速的风力机应保证塔架-机舱系统固有频率的取值在转速激励的受迫振动的频率之外。变转速风轮可在较大的转速变化范围内输出功率，但不容许在系统自振频率的共振区较长时间地运行，转速应尽快穿过共振区。对于刚性塔架，在风轮发生超速现象时，转速的叶片数倍频下的冲击也不得产生对塔架的激励共振。当叶片与轮毂之间采用非刚性连接时，对塔架振动的影响可以减少。尤其在叶片与轮毂采用铰接使风轮叶片能在旋转平面前后5°左右范围内挥舞时，能减轻由阵风或风切变在风轮轴和塔架上引起的振动疲劳，缺点是构造复杂。

四、塔架-风轮系统振动模态

风轮、机舱和塔架组成的系统可作为一个弹性体来看待。图8-19给出叶片、机舱、塔架的实际运动情况，这些运动是在空气动力、离心力、重力和陀螺效应力作用下产生的。所有的力在风轮转动过程中周期性变化，使每一个部件在给定运动方向上产生振动。对系统、各部件做振动模态分析，就是理论上确定它们在相应的交变力、交变力矩作用下的振型、振幅和频率，从而为解决风力发电机组的动态稳定性问题提供重要依据。图 8-20 给出风力发电机叶片和塔架的各种振型。

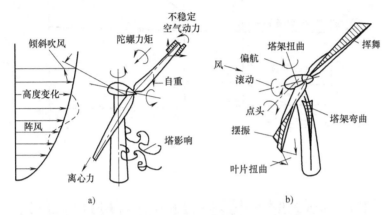

图 8-19　叶片、机舱和塔架的受力与运动

a）受力　b）运动

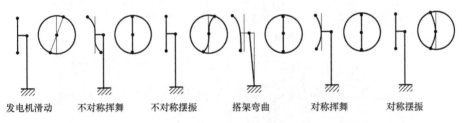

图 8-20　叶片和塔架的振型

风力发电机组的动态稳定性由频率分布图（又称坎贝尔图）来判定，如图 8-21 所示。在频率分布图中表示的是所涉及部件（风轮、塔架）的固有频率和高次谐振频率与风轮转速的关系。过坐标原点的斜线表示的是叶片频率的整数倍。部件的固有频率或高次振动近似水平线。为了避免共振，部件固有频率和叶片频率整数倍的交点不应落在风轮转速范围之内，但叶片高次谐振显得不很重要。叶片固有频率，特别是水平轴风力机与转速有关，随离心力增加而提高，在频率分布图上表现为随风轮转速增加向上弯曲。叶片在离心方向上产生位移，这一过程使叶片刚性提高。

为了使系统稳定运行，每一部件的固有频率都应离开激振频率的20%。测试一台风力机的振动特性，需要应变片和加速度计进行分析。图 8-22 表示叶片振动曲线。振动过程中阻尼值越小，振幅越大。

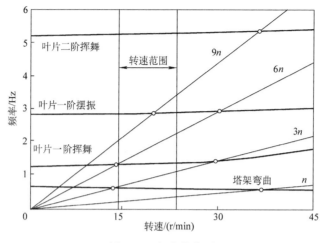

图 8-21 频率分布图

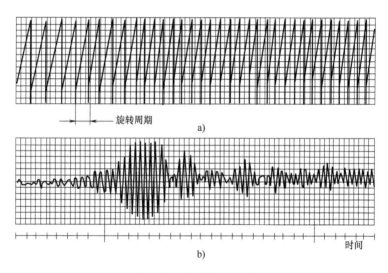

图 8-22 叶片振动曲线
a）风轮的旋转 b）叶片的振动

除风轮旋转造成部件振动外，有可能产生一些受迫振动载荷，例如叶片变桨距时产生的共振，转矩传递到发电机上而产生功率的振动响应；由于风轮轴向力的变化，在塔架上会产生弯曲振动。有时超过允许最大力矩范围，安全系统会使运行中断。

处理风力发电机组动态稳定性问题的另一个重要手段是借助于对塔顶、风轮叶片、风轮轴承、变速箱等零部件实际振动频率响应的测试，并做出频谱分析。

出现风力发电机组或某些部件振动过大、动态稳定性差的问题时，在振动模态分析、振动测试频谱分析的基础上，应该有针对性地对叶片刚度与质量分布，风轮旋转质量的平衡，轴承刚度，风轮轴心与增速箱轴心的对中，塔架刚度与质量分布，塔架与基础的固定等做出改进。

五、搬运及安全设备

风力发电机组的升降机及安全设备主要是为维修服务的。

1. 升降梯

升降梯可供维修和操作人员升降机舱，如图 8-23 所示。

2. 起重机

根据维修的需要，风力发电机组可以配置大小不同的起重设备。图 8-24 所示是 5MW 机组配置的起重机。图 8-25 是一种小型起重设备。

图 8-23　升降梯

图 8-24　5MW 机组配置的起重机

3. 安全设备

安全设备用于保证维修人员安全。包括安全带、安全帽、绝缘安全靴、止跌扣、带缓冲性能的加长绳、手套，低温环境下还需要保暖衣。图 8-26 为部分安全设备。

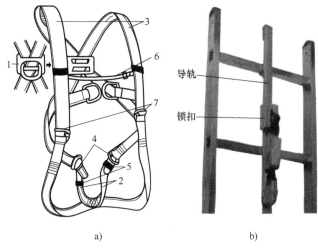

图 8-25　小型起重设备

图 8-26　安全设备

a）安全带　b）锁扣导轨（防坠落制动器）

1—扣眼　2—大腿圈　3—肩带　4—搭扣

5—带祥　6—窄皮带　7—皮带调整器

第三节　基　　础

锥筒型塔架采用的基础结构有厚板块、多桩和单桩形式。

一、厚板块基础

厚板块基础用在距地表不远处就有硬性土质的情况下，可以抵制倾覆力矩和机组重力偏心，计算板块基础承重力的方法是：假设承载面积上负载一致，基础承受的倾覆力矩应该小于 $WB/6$，其中，W 为重力负载，B 为厚板块基础宽度，这个条件可用来粗略估计需要的基础尺寸。

几种不同的厚板块基础的结构形状如图 8-27 所示，图 8-27a 基础板块厚度一致，上表面与地面相平，当岩石床接近地表的情况下选择这种基础，主要的配筋分布在上表层和下表层，抵制基础弯曲，并且板块足够厚，不用使用抗剪钢筋。图 8-27b 基础板块基础上面设置一个基座，这种情况用在岩石床在地表下的深度比板块厚度大，需要增加一个基座来抵制弯曲力矩和剪切负载，施加在基础上的重力增加，整个板块尺寸可以减小一些。图 8-27c 基础板块类似于图 8-27b，不同的是塔架基底直接嵌入基础，块状基础表面成一定斜率变化，缺点是塔架基底接近基础表面处需要打孔，允许基础表面配筋通过，抵制剪切负载的配筋也必须经过塔架底部法兰，这种结构节省材料，但不利于安装。图 8-27d 基础在岩石床打锚，这种情况也适用岩石床在地表下深度比较大的情况，相比于图 8-27b，可以节省材料，免去上面的配重，承载力也很高，但岩石床打锚时，需要专用机械，所以也较少使用。

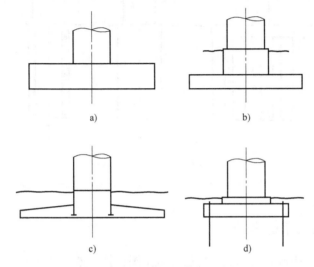

图 8-27 厚板块基础的结构形状

a）平面板块基础 b）平放基座基础 c）嵌入式塔架和倾斜板块基础 d）岩石床打锚基础

理想的基础形状应该是圆形，但为了配筋方便，常见的形状为多边形。图 8-28 所示为施工中的厚板块基础，上部为预制基础环。

图 8-28 施工中的厚板块基础

二、多桩基础

对土质比较疏松的地层情况，常选择多桩基础，如图 8-29a 所示，基础采用 1 个桩帽安置在 8 个圆柱形桩基上，桩基圆形排列，在桩的垂直、侧向方向都要抵制倾覆力矩，侧向力主要作用在桩帽上，所以桩和桩帽都要配钢筋。桩孔采用螺旋钻孔，钢筋骨架定位后，原位置浇铸。

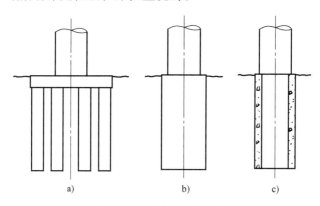

图 8-29 多桩与单桩基础

a）桩基群与桩帽基础 b）实体单桩基础 c）中空单桩基础

三、混凝土单桩基础

混凝土单桩基础采用一个大直径混凝土圆柱体，如图 8-29b 所示，这种桩孔利于水下打桩，可以开挖出很深的桩孔，这种结构虽然简单，但耗材大，采用中空圆柱体可以节省耗材，如图 8-29c 所示。

第四节 接地、避雷与消防

一、电气接地保护

电气设备的任何部分与土壤间作良好的电气连接称为接地，与土壤直接接触的金属体称为接地体。连接接地体与电气设备之间的金属导线称为接地线，接地线和接地体合称为接地装置。

为了保证电气设备的安全运行，将电气设备的一点接地，如把变压器的中性点接地，称为工作接地。工作接地的作用是降低人体的接触电压，迅速切断故障设备，降低电气设备和电力线路设计的绝缘水平。

为了防止由于绝缘损坏而造成触电危险，把电气设备不带电的金属外壳、控制板接地，称为保护接地。保护接地的作用是当电气设备的绝缘一旦击穿，可将其外壳对地电压限制在安全范围以内，防止人身触电事故。

某些电气设备应保护接零，其作用是当电气设备的绝缘一旦击穿，会形成阻抗很小的短路回路，产生很大的短路电流，促使熔体在允许时间内切断故障电路，以免发生触电伤亡事故。

电气设备接地的一般原则是：①保证人身和设备安全，机组电气设备应接地，三线制直流回路的中性点应直接接地；②应尽量利用一切金属管道及金属构件作为自然接地体，但不可作为输雷通道；③不同用途和不同电压的电气设备，一般应使用一个总的接地体，而接地电阻要以其中要求最小的电阻为准；④当受条件限制，电气设备实行接地困难时，可设置操作和维护电气设备用的绝缘台；⑤低压电网的中性点可直接接地或不直接接地，但 380/220V 低压电网的中性点必须直接接地；⑥中性点直接接地的低压电网，应装设能迅速自动切除接地短路故障的保护装置；⑦防雷器与放电间隙，应与被保护设备的外壳共同接地；⑧避雷通道或避雷线与管形防雷器共同接地；⑨建议接地线圆钢直径为 10mm，扁钢为 25mm×4mm；⑩在中性点直接接地的低压电网中，电气设备的外壳进行保护接零。由同一发电机、同一变压器或同一段母线供电的低压线路，不宜同时采用接零、接地两种保护方式；当全部电气设备都进行保护接零有困难时，可同时采用接零、接地两种保护方式，但不接零的设备和线段，应装设自动保护切除接地故障的装置。

接地体可分为人工接地体和自然接地体。接地装置应充分利用与大地有可靠连接的自然接地体——塔筒和地基，但为了可靠接地，可利用人工接地体与塔筒和地基相连组成接地网，同时必须安装绕线环和接地棒等接地保护装置。这样具有较好的防雷电和大电流、大电压的冲击能力。

人工接地体不应埋设在垃圾、炉渣和强烈腐蚀性土壤处，埋设时接地体深度不小于 0.6m，垂直接地体长度应不小于 2.5m，埋入后周围要用新土夯实。

接地体连接应采用搭接焊。采用扁钢时，搭接长度为扁钢长度的 2 倍，并由 3 个邻边施焊，采用圆钢连接时，搭接长度为圆钢直径的 6 倍，并由两面施焊。接地体与接地线连接，应采用可拆卸的螺栓联接，以便测试电阻。

当地下较深处的土壤电阻率较低时，可采用深井或深管式接地体，或在接地坑内填入化学降阻剂。

图 8-30~图 8-32 所示为风力发电机组几个部分的接地方式。

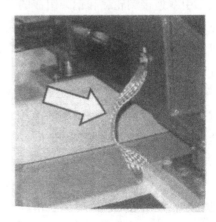

图 8-30 发电机与机舱底盘
的等电位连接

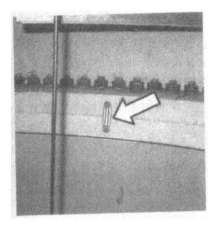

图 8-31 塔筒每两段之间的专用跨接导体

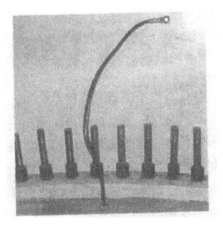

图 8-32 塔筒底部与接地体的专用连接导体

二、避雷系统

风力发电机组相对周边建筑物高很多，雷电对风力发电机组的危害不可忽视。雷电感应和雷电波的侵入是造成电气设备、控制系统和通信系统损坏的主要原因之一，因此，风力发电机组避雷系统应针对各种危害采取保护措施。图 8-33 为避雷系统示意图。

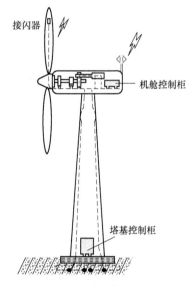

图 8-33 避雷系统示意图

1. 风轮叶尖和风速传感器的保护

系统在风轮叶尖处设有接闪器，由雷电导流架下引线连接到轮毂和钢架组成的等电位连接导体，同时，风速传感器的避雷针和机舱外壳属于自然接闪器，应分别由下引导线可靠连接到机舱等电位连接体。

从风轮到机舱底座，是通过电刷来连接的。雷击时，连接主轴与轴承座的电刷（见图 8-34）可将瞬态电流不经过轴承而安全地转移到机舱底座进入接地网。

2. 机舱的保护

机舱中的各零部件、传动系统齿轮箱和发电机等与钢架构成机舱接地的等电位体，经由接地线跨越偏航齿圈连接处，到达塔筒下引线接地。

机舱中的电气部件有避雷保护，各接地线汇聚于箱体接地母线排上，如图 8-35 所示。

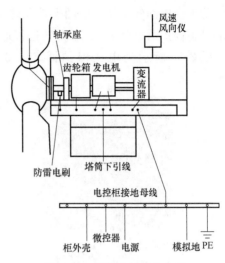

图 8-34　防雷电刷　　　　　　图 8-35　共同接地体的布局

3. 电气设备的保护

根据相关规定，在不同的保护区交界处，通过 SPD（防雷击电涌保护器）对有源线路（包括电源线、测控线、数据线）进行等电位连接，以便保护风力发电机组内部电气设备的安全。

1）电源系统的保护：如果采用 690V/400V 的风力发电机供电线路，为防止沿低压电源侵入的浪涌过电压损坏用电设备，供电回路应采用 TN-S 供电方式，保护线 PE 与电源中性线 N 分离。整个供电系统可采用三级保护原理，第一级使用防雷击电涌保护器，第二级使用电涌保护器，第三级使用终端设备保护器。由于各级防雷击电涌保护器的响应时间和放电能力不同，各级保护器之间需相互配合使用，如图 8-36 所示。

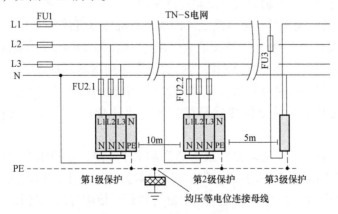

图 8-36　供电电源系统的保护

防雷击电涌保护器与电涌保护器之间需要约 10m 长导线，而电涌保护器与终端设备保护器之间需 5m 长导线进行退耦。

图 8-37 所示为电涌保护器。图 8-38 所示为机组中电涌保护器设置示意图。

图 8-37　电涌保护器

a）发动机输出端　b）数据传输接口

2）控制柜内主控制器的保护：PLC 是控制系统的核心，且对电涌的抗击能力较弱，可在其变压器输出端并联防雷器。一旦有雷击发生时，防雷器将自动合闸，将瞬态高压雷电输入大地。控制柜中的地线就近做等电位连接。

3）测控线路保护：对于机舱外部的风向标、风速仪的线路，可以在塔顶柜内的变送器前端加装模拟信号防雷器或开关信号防雷器进行保护。对较长的测控线路，可根据其重要性加装防雷器。如塔顶按钮信号到塔底主控 PLC 的模拟信号和开关信号，可分别加装防雷器进行保护。

4）地基防雷接地体：地基接地体由两个基础的垂直接地体和一个环形接地体组成（见图 8-39），要求工频接地电阻在 $4 \sim 10\Omega$ 的范围内。环形接地体上焊 4 点钢条引线到塔筒根部，再分别将钢筋引线焊接到塔基环形接地排，组成塔基共同接地体，其中由两点接地线汇集到控制箱接地母线排上，另两点可直接接塔基上引线去机舱。控制箱接地母线排上接箱式变压器中线、塔基控制系统地线。

应尽量降低接地电阻来提高系统的耐雷水平，降低接地电阻的措施是：加长接地体；更换电阻率小的接地导体；同时对接地土壤采用降阻剂来降低接地电阻。降阻剂是由专门生产的无机化学复合材料，使用时加水将其搅拌成糊状，浇铸接地体周围，再回填土，埋好接地导体。

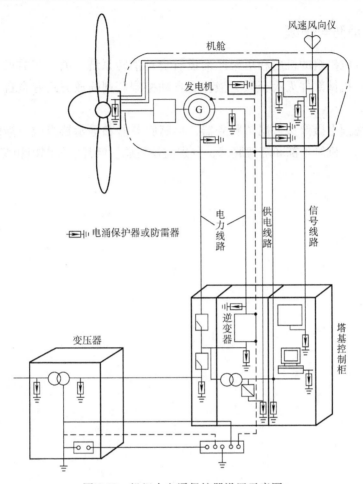

图 8-38 机组中电涌保护器设置示意图

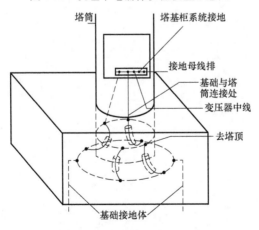

图 8-39 塔基避雷布局示意图

三、消防与视频

风力发电机组的机舱和塔架底部设有自动消防系统。电气柜的灭火介质为惰性气体；机械部件灭火介质为液体。自动控制药剂喷放方式有全自动和远程控制两种。

监控视频由摄像头、视频服务器、存储服务器和显示器组成。摄像头安装在机舱内部、机舱顶部和塔架底部，分别监视机舱、叶片、控制柜和变流柜。

第九章 海上风力发电机组

由于海上风力发电不占用陆上土地、风能资源丰富且相对稳定，随着技术的进步，海上风力发电迅速发展。海上风力发电机组单机容量较高，一般为3MW以上。

本章主要介绍海上风力发电机组的环境特点及其基础形式，以及机组的防腐蚀、防台风、防碰撞等特殊要求和措施。

第一节 海上环境

海洋环境对发展海上风电有利有弊。

一、海上风资源

1. 风资源丰富

海上风况优于陆地，离岸10km的海上风速通常比沿岸陆上高约25%。海上风速高，很少有静风期，可以有效利用风力发电机组发电容量。一般估计海上风速比平原沿岸高20%，发电量增加70%。

2. 风能质量高

海面平坦、风况稳定，海上风的湍流强度低，没有复杂地形对气流的影响，可减少风力发电机组的疲劳荷载，延长使用寿命。

3. 风切变较小

海面的粗糙度比陆上小，海上风切变小，可在较低的高度获得更大的风速，相对于海面上空高度的风速变化不大，塔架不必太高，造价、安装维护费用可减小。

二、海上风电开发的制约因素

海上环境条件也存在海上风电开发的制约因素，如盐雾腐蚀、海浪载荷大、海冰撞击、台风破坏等，对海上风力发电机组的技术开发提出了挑战。

1. 盐雾和海水的腐蚀

盐雾是悬浮在空气中含有氯化钠（NaCl）的微细液滴的弥散雾气。沿海地区及海上空气中含有大量随海水蒸发的盐分，其溶于小水滴中便形成了浓度很高的盐雾。盐雾中的氯化钠溶液是以Na^+和Cl^-的形态存在的，盐雾颗粒通常都很微小，直径在$1\sim5\mu m$之间，颗粒越小，在空气中悬浮的时间越长。盐雾对设备的腐蚀主要是其中的大量氯离子，当盐雾与金属和防护层接触时，由于氯离子半径很小（只有$1.81\times10^{-10}m$），具有很强的穿透能力，容易穿透金属的保护膜，形成可溶性的氯化物，导致保护膜出现小孔，破坏了金属的钝化，加速了金属腐蚀。

除了盐雾腐蚀外，在风力发电机组接触海水的部分还会受到海水的腐蚀。海上风力发电机组所处的海洋环境按照水位的变化可以分成5个区域，即海洋大气区、浪花飞溅区、海水潮差区、海水全浸区和海底泥土区。

图9-1所示为钢桩在某海域暴露5年后的腐蚀概况。腐蚀最严重的部位是在平均高潮线以上的浪花飞溅区。这是因为浪花飞溅区海盐粒子量较高，同时氧在这一区域含量较多，氧的去极化作用促进了钢桩腐蚀，另外浪花的冲击破坏了保护膜，使腐蚀加速。

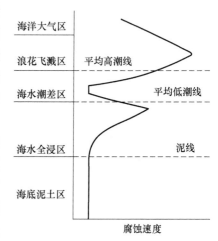

图9-1　钢桩腐蚀概况

其次是平均低潮线以下附近的海水全浸区钢桩腐蚀出现峰值。而钢桩在海水潮差区腐蚀最低。这是因为供氧较充分的水线上方湿润的钢表面与供氧较少的水线下方钢表面形成了一个氧浓差宏观腐蚀电池。作为阴极的富氧区得到保护，而平均低潮线以下则经常作为阳极造成腐蚀峰值。

2. 台风的袭击

风力发电机组有可能遭遇风暴袭击。在我国东南近海对风力发电机组危害较大的是台风。最大风力在12级以上的热带气旋称为台风（风速大于32.7m/s）。台风带来的极端风速、异常湍流和突变风向是造成风力发电机组受损的原因。

3. 温湿度的影响

沿海地区每年有$5\sim6$个月处于高湿环境，$3\sim4$个月处于高温高湿环境。高温高湿环境会加快电气设备金属材料的腐蚀和绝缘材料的老化。当湿度大于60%时，钢铁腐蚀速率急速增长，如图9-2所示。

风力发电机组变流器和开关设备大多靠空气间隙绝缘，空气湿度大时，绝缘性能下降，变流器内部运行积累的灰尘也容易吸收水分，使绝缘电阻降低，最终导致变流器电路板绝缘性能差，电压击穿，发生短路，甚至引起设备自燃。

环境温度为 25~30℃、相对湿度为 90%~100%时，是霉菌繁殖的良好环境条件，如果风力发电机组的机舱内部通风不畅，有利于霉菌的生长，霉菌自身含有的水分和代谢过程中分泌出的酸性物质使设备绝缘性能下降。

高温高湿环境对海上风力发电机组的叶片也有重要的影响。叶片的材料主要为玻璃纤维复合塑料，在高温高湿环境下，复合材料基体内部因为吸湿发生溶胀，使分子间距增加，材料刚度降低，同时水分子扩散使基体内部的微裂纹、微孔等发生形态变化。

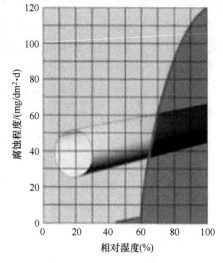

图 9-2　钢铁腐蚀速率

风力发电机组塔筒内外表面有镀锌和聚合树脂组成的防腐蚀涂层，高温高湿环境条件可以加快涂层的老化，使涂层粉化、起泡等，涂层的附着力减小，保护性能下降，导致机舱底盘和塔筒的金属材料受到腐蚀。另外，高温高湿环境使海上风力发电机组内部发电机和齿轮箱的润滑油温度升高，黏度下降，导致轴承和齿轮等关键部件因润滑不良产生磨损，严重时会使整个风力发电机组发生故障。

4. 海浪的冲击

海洋上的波浪主要是由风引起的。人们习惯将风浪、涌浪以及由它们形成的近岸浪统称为海浪。海浪周期性的巨大冲击力对风力发电机组的基础带来显著影响。

海浪对基础周期性的冲刷，在海浪夹带作用下，逐渐转移基础附近的泥沙土壤等，对基础造成掏空性破坏。一般来说，浪高越大，对基础的影响越大。

海浪与台风的载荷耦合作用对风力发电机组基础产生叠加弯矩，破坏力巨大，在极限阵风风速为 70 m/s、浪高 6m、水深 20m 的情况下，风力发电机组基础根部受到的最大组合弯矩比纯气动弯矩增加了 125%。

5. 挤压与撞击作用

挤压与撞击主要由冰冻和船舶造成。

冰冻的作用形式主要是在海流及风作用下，大面积流冰呈整体移动，挤压海上风力发电机组基础，伴随着对基础的冲击作用；冻结在基础四周的冰片因水位的变化对基础产生上拔或下压；流冰沿基础物侧面擦过，对海上风力发电机组的基础产生严重的切割等。

在海上风电场施工期或风力发电机组设备检修维护时，施工船舶或检修船舶必须停靠在基础结构上。在船舶系泊时，船舶在风和水流的作用下对基础的结构形成挤靠力；在船舶靠泊过程中，系泊船舶在波浪作用下对基础的结构产生撞击力。

表9-1所示为海洋和陆地风力发电情况的比较，可见海上风电建设成本高，但发电量较大。

表9-1 海洋和陆地风力发电情况的比较

序号	比较项目	陆地	海上	海上特点
1	风轮相同时电功率	较小	较大	平均风速高
2	尖速比相同时风轮转速	较低	较高	平均风速高；控制噪声要求较低
3	传动系统重量成本	较大	较小	转速提高
4	塔架高度	较高	较低	风切变小
5	机组强度要求	较低	较高	风、浪负载大；漂浮物撞击
6	基础费用	较低	较高	海床状况复杂；施工难度大
7	吊装、输电和维护费用	较低	较高	作业难度大
8	防腐蚀要求	较低	较高	盐雾腐蚀大
9	机组平均利用率	较低	较高	风速、风向稳定
10	风电场容量	较小	较大	海面辽阔

第二节 基 础

海上风力发电机组的基础远比陆上风力发电机组的基础复杂，成本也高得多，并且对整个风力发电机组的力学性能影响更大。海上机组的基础可以分为固定型和浮置型两大类。

一、固定型基础

1. 重力式

重力式基础主要是利用基础的重力使整个系统固定，有钢筋混凝土沉箱和钢结构沉箱两种，钢筋混凝土沉箱如图9-3a所示。这种基础的结构简单、造价低且稳定性好，是海上风电发展初期应用较多的基础类型。施工时一般首先在陆地上预制，然后驳运至安装地点进行整体吊装。与海平面接触的部分呈圆锥形，可减小冰荷载带来的影响，降低浮冰对基础的撞击危险。

钢结构重力式基础如图9-3b所示，由带有环形基脚的轻质钢壳构成，配有破冰锥，可以防止海水结冰对基础造成的不利影响。用碎石填充，填充物可为基础提供支持，使壳体抵抗海冰的冲击以及冰块移动带来的不均匀压力，并为薄壳结构提供足够的稳定性。

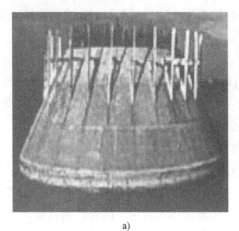 

a)　　　　　　　　　　b)

图 9-3　重力式基础

a）钢筋混凝土　b）钢结构

重力式基础不适合于冲刷地基或流沙型的海底，因此施工前一般先对安装区域的海床进行疏浚作业，清除掉淤泥质层后，进行抛石夯实并整平。基础安放完成后，需要进行压载回填，以提高结构的稳定性。重力式基础仅适用于浅水区域，随水深增加成本将大幅度增加。

2. 单桩式

单桩式基础是桩承结构中最简单的一种结构型式，目前海上风电场比较常用的是钢桩，由钢管桩及法兰过渡连接段组成，其结构如图 9-4 所示。根据安装方式的不同，桩和塔架之间可以通过焊接法兰连接，也可以通过套管法兰连接。钢桩一般采用直径为 3～7m 的钢管，板厚一般为 30～60mm，打入深度为

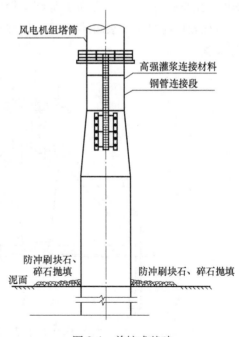

图 9-4　单桩式基础

15~50m。单桩式基础制造简单，安装快速，不要求对海床做预先的准备，一般利用打桩、钻孔或喷冲的方法将桩基安装到海床下的一定深度。但单桩式基础受海底地质条件和水深约束较大，水深较大时其柔性特征较强，导致桩底载荷增加，因此对海床的地质条件要求就相对较高，同时也要防止海流对海床的冲刷。

3. 三脚架式

三脚架式基础采用 3 腿支撑结构，由中心柱、3 根插入海床一定深度的圆柱钢管和斜撑结构组成，如图 9-5 所示。中心柱即三脚架的中心钢管提供风力发电机组塔架的基本支撑。3 根等直径的钢管桩一般呈等边三角形均匀布设。三脚架可以采用垂直或倾斜套管，支撑在钢管桩上。斜撑结构为预制钢构件，承受上部塔架荷载，并将荷载传递给 3 根钢管桩。预制的三脚桁架设数根水平和斜向钢连杆，分别连接 3 根钢套管以及位于中心的竖向钢管，竖向钢管顶端与风力发电机组塔架相接。3 根钢管桩被打入海床 10~20m。钢管桩通过特殊灌浆等方式与上部结构相连。基础安装时，一般先沉放桁架结构，然后利用桁架的桩腿套管为导向进行钢管桩的沉桩，桁架通常设置防沉板。沉桩工艺同单桩基础类似。导管与基桩的连接在水下进行，可采用灌注高强化学浆液或充填环氧胶泥或水下焊接等措施进行连接。相比于单桩结构，三脚架式基础结构形式增强了周围结构的刚度和强度，提高了基础的稳定性和可靠性，适用水深范围及地质条件也比较广泛且不需要冲刷防护。但在应用于浅海海域时，应特别注意配备防撞设施。

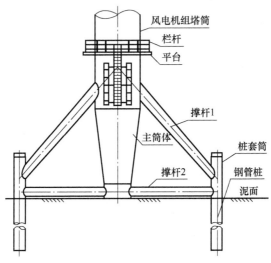

图 9-5　三脚架式基础

4. 钢桩导管架式

钢桩导管架式基础由导管架和钢管桩两部分组成，导管架是一种以钢管为骨棱的钢质锥台形空间框架，为预制钢构件。有 3 腿、4 腿、3 腿加中心桩、4 腿加中心桩等结构。导管架与基桩一般在海床表面处连接，通过导管架各个支角处的导管打入海床。导管架主体为框架对称结构，均为钢制材料。主腿作为导管架的主要支撑，按照一定的斜度分布，主腿之间均应布置斜撑，与主腿之间形成桁架结构。主腿末端分别插入钢管桩顶部内腔，主腿与钢管桩之间采用水下灌浆连接，其结构如图 9-6 所示。钢桩导管架式基础整体性好，承载能力较高，对打桩设备要求较低，并且钢桩导管架是在陆地上预制而成，施工相对简便。

图 9-6　钢桩导管架式基础

5. 群桩承台式

群桩承台式基础由基桩和上部承台组成，根据基础的地理位置和地质条件不同，可采用高强度混凝土管桩（PHC）桩基或钢管桩桩基，大多数采用钢管桩；根据承台至平均海平面的距离，可分为高承台基础和低承台基础；承台一般采用钢筋混凝土结构。群桩承台式基础的结构如图 9-7 所示。钢管群桩承台式基础适合较浅水域和软土海床地基风电场，尤其适用于沿海浅表层淤泥较深、浅层地基承载力较低，且施工作业困难，难以保证打桩精度的区域。群桩承台式基础结构刚度大，整体性好，但施工工序较多，自重大，桩多，承台现浇工作量大。适合离岸距离不远的海域施工。中国东海大桥海上风电场采用了这种基础。

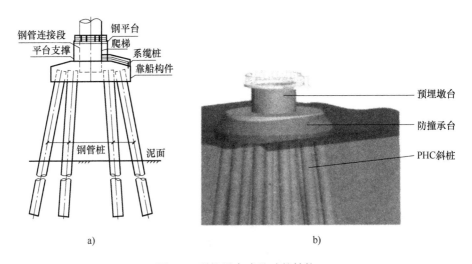

图 9-7　群桩承台式基础的结构

a）钢管桩　b）高强度混凝土管桩

6. 负压桶式

负压桶式基础可分为钢箱或钢筋混凝土结构，根据沉箱的数量不同可分为单沉箱基础和多沉箱组合基础，其结构如图 9-8 所示。此基础一般采用浮式运输，安装时注水使其下沉，将桶内水抽取出来，利用桶内外水压力差产生压力将基础下压至设计位置。负压桶式基础结构的优点在于节约钢材用量和海

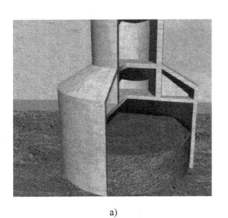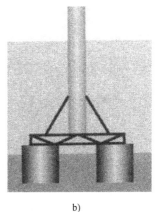

图 9-8　负压桶式基础

a）单沉箱带剖面　b）双沉箱结构

上施工时间，有利于降低生产和安装成本，有较好的应用前景，但施工难度较大。

二、浮置型基础

浮置型基础的结构是海上风力发电机组基础的深海结构型式，已有少量实现商业化，多种形式正在研究中，表9-2所示为浮置型海上风力发电机组基础的例子。

表9-2 浮置型海上风力发电机组基础

名称	单筒浮式	系泊式	半潜单柱式	旋转双体船式
举例				
说明	通过压载舱使得整个系统的重心压低至浮心之下，再利用缆绳保持风力发电机组的位置，已有商业化应用	通过处于拉伸状态的系缆（张力腿）将塔筒平台与海底连接，从而抑制平台垂直方向上的运动	由1个与塔筒连接的中央圆筒和3个提供浮力及稳定性的外侧圆筒组成。中央圆筒通过旁通结构与外侧圆筒连接，结构底部底板和静态压载舱用于降低重心，确保稳定性	采用两个混凝土船体组成类似双体船的结构，并通过转轴和单一锚链连接点连接，这样船体及机组将绕着该点转动。如果机组需要大修，可将其与连接点断开，拖回港口维修
适宜水深	>60m	>200m	>50m	
优点	结构简单，稳定性好	波浪载荷及运动响应较小	对水深不敏感，可拖航安装	
缺点	有足够水深，制造吊装困难	系泊式安装成本高	结构成本高，稳定性较差	

三、基础方案比较

海上风力发电机组基础方案比较见表9-3。

表9-3　海上风力发电机组基础方案比较

类　　型	应用范围	优　　点	缺　　点
重力式 （常用）	流沙型以外所有土壤条件；水深0～10m	结构简单，造价低；抗风暴和风浪袭击的性能好，稳定性和可靠性较高	需要平整海床；重量大，运输安装费用中等，工期较长；适用水深范围小
单桩式 （常用）	多种地质条件；水深0～25m	制造简单、安装方便，不需要做任何海床准备	受海底地质条件和水深的约束比较大，在海床较为坚硬时，钻孔的成本较高
三脚架式 （较少用）	水深8～30 m	比单桩式稳定；对风暴承受能力强	底座较重，结构复杂；制造、施工费用高；纠偏难度大
钢桩导管架式（少用）	水深20～50m	承载能力较三脚架式更高，对地质条件要求不高	同上，现场作业时间长，造价随着水深大幅增加
钢管群桩承台式 （较常用）	近海；所有土壤条件；水深0～25m	结构刚度大，承载能力高，整体性好，抗水平载荷能力强，沉降量小且较均匀	施工工序多，自重大，工作量大，现场作业时间长，成本高
负压桶式 （少用）	水深>20m	加工制造相对简单、费用较低；安装速度快；拆除方便，且可以二次利用	施工中桶体易倾斜，水压差可能导致桶内土体渗流变形
浮置型 （少用）	适合水深范围大，水深>50m	建造和安装程序的灵活性强，且便于拆除；波浪荷载较小	稳定性差

第三节　防　腐　蚀

防腐蚀原本是陆上风力发电机组和海上风力发电机组的共同课题，但是由于海上风力发电机组长期处于高盐雾、高湿度的环境运行，因此其防腐蚀技术应用远高于陆上风力发电机组。目前，海上风力发电机组主要从两个方面提高整机防腐蚀能力：一是改善各个零部件运行环境；二是提高各个零部件的自身防腐蚀性能。

一、防腐蚀方法

1. 结构性防腐蚀

在元器件结构设置上避免零件的腐蚀环境。例如防止不同金属表面直接接触；零件表面避免出现间隙和凹坑，因为它们会促成腐蚀的生成和蔓延；使空气流通以避免水汽在钢结构件上凝结；在易腐蚀部位增加腐蚀裕量；去除焊接引起的小孔、毛刺和锐边等，以便有效地加防腐蚀涂层。螺栓连接件可以加防护盖，如图9-9所示。

图 9-9　高强螺栓防护盖

2. 采用防腐蚀涂层

采用防腐蚀涂层在海上风力发电机组防腐蚀措施中应用最多。常采用重防腐蚀涂层、金属热喷涂层和锌铬膜（达克罗）涂层等。

重防腐蚀涂层由底漆、中间漆和面漆组成，涂料多为合成树脂型，如以有机、无机富锌漆为底漆，以环氧云母氧化铁为中间漆和以环氧类、氟碳涂料、脂肪族聚氨酯可复涂涂料为面漆等组成。重防腐蚀涂层优点是防腐蚀效果较好，防腐蚀寿命较长；缺点是施工设备要求高且涂装的前处理（防锈）要求也较高。

目前，重防腐蚀涂料的防腐蚀寿命一般为10~15年，防腐蚀年限在15年以上推荐采用金属喷涂防腐蚀。金属喷涂防腐蚀一般有喷锌、喷铝和喷锌铝合金等，技术上均较成熟，与封闭涂料相配合，特别是加重防腐蚀涂装防腐蚀年限可达20~30年，甚至更长。对于海上风力发电机组可以将重防腐蚀涂层与金属喷涂相结合，形成双重防腐蚀涂层。表9-4是重防腐蚀涂层、金属热喷涂层加封闭层和金属热喷涂层加重防腐蚀涂层3种方案的比较。

表 9-4 防腐蚀涂装技术的比较

方　案	优　点	缺　点	寿　命
重防腐蚀涂层	施工技术成熟，防腐蚀效果较好，一期投入少	在海洋环境中易老化脱落，需定期维护保养	10~15 年
金属热喷涂层加封闭层	适用范围广，免维护	一期投入较高，耐冲击性不高	>20 年
金属热喷涂层加重防腐蚀涂层	具有良好的屏障保护功能、耐冲击性和耐磨性	一期投入较高	>30 年

目前，风力发电机组的螺栓类紧固件多采用锌铬膜（达克罗）涂层防腐蚀。达克罗涂层防腐蚀机理为锌粉的受控自我牺牲的保护作用；铬酸在处理时使工件表面形成不易被腐蚀的稠密氧化膜；层层覆盖的锌片互相叠加的涂层形成了屏蔽，防止异物入侵。而且，由于达克罗干膜中铬酸化合物不含结晶水，其耐高温性和加热后耐腐蚀性也很好。

3. 采用耐腐蚀的金属材料

选择化学活性较低的金属材料或耐腐蚀性较好的材料。例如在陆上风力发电机组常用普通碳钢的油管接头、油箱、阀体等在海上风力发电机组中改为不锈钢制造。

4. 加强密封

对于机舱罩、导流罩等主机罩体和主轴承、增速箱、发电机等包含旋转运动的部件均应采取更加严格的密封措施。

机组内部防腐蚀还须保持空气干燥。为了降低湿度，可在机舱和塔筒内安装降湿装置，保证机舱和塔架内部较低的空气湿度。齿轮箱和发电机的冷却由使空冷系统中的空气再循环的热交换实现，防止外部盐雾侵入。

对电气元器件集中的区域密封防潮，密封材料如丁腈橡胶、氟橡胶和聚氨酯等。

5. 阴极保护

通过外部阳极产生额外的电子，并强加到钢结构表面使其成为阴极，从而得到保护。阴极保护可以通过牺牲阳极和不需牺牲阳极的两种方法实现。

牺牲阳极的保护方法是将一种更具化学活性的材料作为阳极与处于海水中的钢结构件相捆绑，使钢结构件成为阴极。常用的阳极金属合金为铝、锌和镁。这些金属合金通过牺牲自己，保护钢结构件。牺牲阳极的保护方法的缺点是不易监测、消耗阳极材料以及造成海洋环境污染。

外加电流阴极保护系统（ICCP）不需牺牲阳极，在电控箱的帮助下，释放所需的电流阻止腐蚀。无需油漆涂层，实现远程自动控制。这种方法可以保护所有处于海水下的钢结构件。

6. 加强维护与保养

一般光滑和清洁的表面不易发生点蚀，积有灰尘和杂质的表面易于锈蚀，另外零件从暴露到腐蚀要经历一个长短不同的诱导期。因而可以通过定期巡查加强对易腐蚀部件的维护与保养。

二、主要部件防腐蚀措施

1. 风轮防腐蚀

（1）环境控制技术

海上风力发电机组风轮系统采用迷宫式密封结构，能够有效地阻挡外部高盐雾、高湿度气体进入风轮内部，如图 9-10 所示。

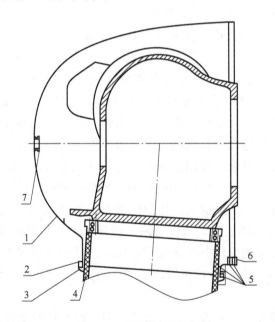

图 9-10　风轮密封结构图

1—导流罩　2—导流罩密封环　3—叶片密封环　4—叶片

5—毛刷　6—机舱罩密封环　7—导流罩换气机构

（2）防腐蚀涂层

轮毂非加工面、变桨距减速机壳体等处的防腐蚀涂层干膜总厚度 $\geqslant 240\mu m$，非涂漆面涂防护油。

2. 机舱防腐蚀

（1）环境控制技术

通过控制机舱内部的环境，促使机舱内环境的腐蚀因子含量不高于陆上环境的指标，以达到舱内零部件的防腐蚀等级与陆上风力发电机组零部件防腐蚀等级一致，从而保证海上风力发电机组舱内零部件安全可靠运行。

1）密封：整机各个连接部位通过迷宫密封加密封圈的密封方式进行密封，能保证盐雾颗粒折向沉积以阻止其进入舱内。机舱罩前端设置挡风板，增加密封，需要进入轮毂时，拆除该板即可由机舱进入导流罩内；机舱罩与导流罩连接处、机舱罩与塔筒连接处设置挡雨刷。上、下罩前端防雨槽配合处涂密封胶。吊装天窗、吊车口盖板处加密封垫。排风罩部件与机舱采用环氧树脂粘牢后，再使用不锈钢螺栓连接，最后涂密封胶。风速风向仪架与机舱采用不锈钢螺栓连接，并采用树脂胶合，保证密封。天窗采用环氧树脂粘牢后，再用螺栓连接，并采用树脂胶合保证密封。所有贯穿机舱罩或导流罩的螺栓连接处均涂密封胶。

2）微正压状态：用轴流风机或离心风机引入舱外空气，经过挡水板、过滤器净化，去掉水和盐分，可以使风力发电机组整机内部处于微正压状态。通过微正压技术和一系列密封方式，防止盐雾对机舱内部零部件的侵袭。

3）除湿：通过控制风力发电机组舱内环境空气的相对湿度以阻止盐雾腐蚀的发生。盐雾腐蚀本质是电化学腐蚀，当机舱内环境空气湿度低于金属的临界相对湿度时便可阻止电化学腐蚀的发生。海上风力发电机组在舱内设置有除湿系统，配合机舱在盐雾浓度控制技术上已有的基础条件，可以有效地保证机舱和轮毂内部湿度小于等于50%，以阻止舱内金属零部件腐蚀的发生。

4）空-空冷却：风力发电机组机舱内部设置有空-空冷却系统，空-空冷却系统由内循环和外循环组成，运行时两个循环独立，机舱内外空气互不干扰，只是由外循环空气将内循环空气热量带出机舱，从而可以将机舱内部环境温度控制在40℃以内，避免机舱内部零部件在高温下运行从而导致腐蚀加剧，如图9-11所示。

5）空-水冷却加空调：首先，将机舱密封，减少或避免外部空气进入机舱内部，并将主要发热零部件的冷却方式由空-空冷却改为空-水冷却，空-水冷却的散热器安装在机舱外部，使发热部件的大部分热量通过冷却水导到机舱外部；其次，在机舱内部安装空调，通过空调将发热零部件散发到机舱内部的部分热量导出机舱，同时空调还可以用来干燥机舱内的空气，大幅降低机舱内空气的水汽含量。

（2）防腐蚀涂层

主轴非加工面、增速箱外部、偏航减速机壳体、底盘非加工面、轴承座表

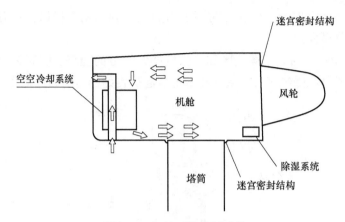

图 9-11　机舱环境控制系统

面、发电机外壳等部防腐蚀涂层干膜总厚度≥240μm，非涂漆面涂防护油。

3. 塔筒防腐蚀

（1）环境控制技术

塔筒采用全钢制结构，与机舱连接部位采用迷宫结构密封，因此塔筒筒体缝隙基本可忽略。外部盐雾空气只能通过塔筒门及门缝隙进入塔筒内部，应保证其密闭性能，如采用船用风雨密封单扇钢质门，采用进门隔间等。

塔筒内部设置有除湿系统和盐雾过滤系统，除湿系统可将塔筒内部湿度控制在50%以内，盐雾过滤系统在塔筒密闭的情况下，通过为塔筒内部补充新风，从而保证塔筒、机舱、风轮系统长期处于微正压状态，可以有效地减少因开门而进入机组内部的盐雾空气。

（2）防腐蚀涂层

塔筒外部大气区重防腐蚀涂层干膜总厚度≥320μm，潮差区和飞溅区防腐蚀重点区域，可加干膜厚度≥120μm的热喷锌铝合金涂层，重防腐蚀涂层干膜总厚度≥320μm。塔筒内表面重防腐蚀涂层干膜总厚度≥280μm。

4. 基础防腐蚀

无论采用何种结构型式，海上风力发电机组基础的结构材料均为钢材或钢筋混凝土。海上风力发电机组基础的防腐蚀应针对各腐蚀区区别对待。

对于基础的钢结构，海洋大气区的防腐蚀一般采用涂层保护（干膜总厚度≥600μm）或喷涂金属层加封闭涂层保护；飞溅区和潮差区的平均潮位以上部位的防腐蚀一般采用重防腐蚀涂层（干膜总厚度≥1200μm）或喷涂金属层加封闭涂层保护，亦可采用包覆玻璃钢、树脂砂浆以及包覆合金进行保护；潮差区平均潮位以下部位，一般采用涂层与阴极保护联合防腐蚀的措施；全浸区的防腐蚀采用阴极保护与涂层联合防腐蚀措施或单独采用阴极保护；海泥区的防腐蚀应采用阴极保护。

图 9-12 所示为对处于潮差区和飞溅区的钢管桩的包覆层防腐蚀结构。包覆层中缓腐剂成分和隔绝氧气的密封技术可以起到良好的防腐蚀保护作用。

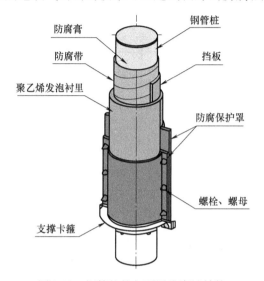

图 9-12　钢管桩的包覆层防腐蚀结构

对于混凝土墩体结构，可以采用高性能混凝土加表面涂层或硅烷浸渍的方法；可以采用高性能混凝土加涂层钢筋的方法；也可以采用外加电流的方法。对于混凝土桩，可以采用防腐蚀涂料或包覆玻璃纤维复合塑料防腐蚀。

第四节　防　台　风

一、台风的危害

台风对海上风力发电机组的破坏形式主要有：

1）叶片因扭转刚度不够而出现通透性裂纹或被撕裂；

2）叶片断裂（多见于根部），破坏机舱，如图 9-13 所示；

3）变桨距机构断裂；

4）偏航系统受损；

5）测风装置被摧毁；

6）塔筒中下段断裂。

二、防台风的方法

海上风力发电机组防台风是从零部件的设计开始的。主要是增加强度，关键是实现强度增加和成本控制之间的平衡。

1. 增加动力链强度

1）材料代替：轴承座、轮毂和前机舱底架采用高强度的材料；从综合运行维护等因素考虑，碳纤维增强型塑料是海上大型风力发电机组叶片较适用的材料；采用柔性材料叶片，当台风袭来时，叶片变形，使其受力大大减少，保护机组主体不受损坏。

图 9-13　叶片断裂

2）尺寸更改：提高塔筒强度的主要措施是增加塔筒钢板厚度和增加塔筒的直径；轴承座需要随着主轴轴承的尺寸变化而变化，提高轴承座强度的主要措施是随着轴承的尺寸变化相应加宽、加厚和增大加强筋的厚度；提高主轴强度的主要措施是增大轴径和减小孔径，综合考虑制造成本，参照轴承选择合适的轴径，在达到强度的前提下增大孔径减重，使总成本降低；偏航回转支承增强措施主要是增大滚子直径，增加滚道硬化层深度和更换高承载能力的回转支承型号。

2. 增加机舱罩强度

保证机舱和塔筒在台风中不受破坏，就能保证风电设备的80%完好。

1）使用更高性能的机舱罩材料：可以从整体上提高机舱罩的刚度和强度，便于风力发电机组的偏航控制。

2）采用机舱罩加强筋：机舱罩加强筋有两种方法：

① 机舱的整体加固：加固上机舱罩的前中后三部分，加固上机舱罩和下机舱罩连接处，加固下机舱罩的左右两部分的连接处，分别加固下机舱罩的左右两部分内部。

② 前后筋板的加固（见图9-14）：前筋板用于防止机舱掀盖，后筋板用以加固测风仪。前后筋板加固可平衡受力，减少台风的破坏。

3）加固机舱罩连接部位：增加螺栓个数，采用双排螺栓连接，扩大螺栓连接面积；增加螺栓强度；增加机

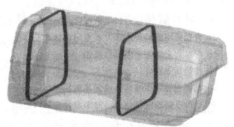

图 9-14　机舱罩前后筋板的加固

舱罩连接部分的厚度，提高抗拉强度。

3. 设置质量阻尼器

风力发电机组柔性的连接将台风载荷转化消耗到结构的运动中，然而它经常附加产生难以接受的位移。设置质量阻尼器可以成功地减少这一振动中的位移，成为基础隔振系统中的有效措施。而且可延长塔筒疲劳寿命，机舱内部机械和电气部件的寿命亦可大幅提高。风力发电机组的质量阻尼器安装在塔筒内部，如图9-15所示。

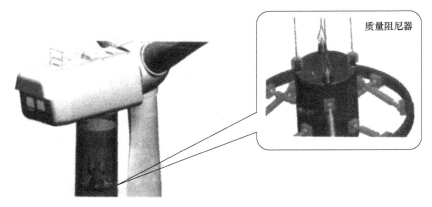

质量阻尼器

图9-15　塔筒设置质量阻尼器

4. 加强监测力度

1）台风期间控制策略：台风预报，起动台风控制策略，叶片顺桨，松开高速轴制动；释放偏航制动，机组主动偏航至下风向；台风来临，机尾迎风，通过叶片风载实现自由偏航；台风过后，机组切换至正常控制策略。

2）测风仪应急预案：性能可靠的测风仪是提高风能利用率和机组安全运行的保证。当风电场内某台风力发电机组由于外界因素或自身故障导致测风仪停止工作时，需要采取的应急措施有：通知风电场主控制室；主控制室自动调取最近的风力发电机组测风仪的数据或测风塔风速、风向数据；紧急维持故障风力发电机组的正常运行，等待维修。

3）叶片载荷监测：在叶片上设置具有检测作用的光导纤维应变片（见图6-19）及其他传感装置，将其收集到的信息传递给监控系统，于是运行人员就能及时了解它的载荷、温度、被伤害和疲劳程度，根据实际情况及时处理、维修。

5. 确保供电可靠

如果在台风等大风情况下停止供电，机组因此而不能够执行偏航避风的安全指令，将导致设备与台风湍流频率形成共振，最终损坏设备。场内应备有紧急备用电源，确保对风力发电机组不间断供电。

第五节　防　撞　击

海上风力发电机组的防撞击方法一般有防撞击承台、防撞击护套、分离式护栏三种。此外，还设有防撞击警示装置。

一、防撞击承台

防撞击承台是通过特殊的基础结构实现防冲击作用，如图 9-16 所示。锥形结构能够有效地降低海冰等漂浮物的水平撞击力，其防撞击的优点是不需要增加辅助设施，结构比较简单；缺点是不能防冰激振。

二、防撞击护套

防撞击护套是采用护套（玻璃纤维复合塑料、聚乙烯等）包住基础上可能能被海冰撞到的部分（见图 9-17）。这种方法的优点是能有效地防止外表划伤，并增强了其防腐能力；缺点是只能防止外表破坏，不能降低冲击载荷。

图 9-16　防撞击承台　　　　图 9-17　防撞击护套

三、分离式护栏

分离式护栏是在基础周围设置漂浮式整体护栏，其优点是有效地降低了冰载荷冲击和振动；缺点是结构复杂、成本高。分离式护栏又分为浮体系泊护栏、群桩墩式护栏和单排桩护栏。

1. 浮体系泊护栏

浮体系泊护栏由浮体、钢丝绳、锚定物组成。浮体移动、钢丝绳变形、锚定物在碰撞力作用下移动等都可吸收大量能量，对碰撞船舶也有很好的保护作用。该系统占用水域大，建造复杂，一般仅适用含有球首的较大型船舶。

2. 群桩墩式护栏

群桩墩式护栏采用独立的钢管桩基础防撞墩，基桩由承受压力的斜桩和承受拉力的竖直桩组成。群桩墩式结构刚度大，一旦发生碰撞事故，船只的损伤比较大，因而该护栏仅适用于碰撞概率较低，且采用其他防护措施达不到防护效果的情况。

3. 单排桩护栏

单排桩护栏采用间隔布置的钢管桩作为防撞设施，钢管桩采用锚链或水平钢管相连。单排桩护栏仅能抵抗小型船舶的撞击，对于中大型的船舶仅起到警示和缓冲作用。

四、防撞击警示装置

处在海上风电场外围的机组基础均设置夜间和雾天警示灯。若风电场与海上航线接近，航道边应设置浮标。同时靠近航线侧的机组基础应设置雷达应答器，以便装有雷达装置的较大型船舶能及早发现障碍物，避免越过浮标位置碰撞机组基础。

第六节　吊装与维护设备

一、吊装设备与方式

1. 吊装设备

离岸风力发电机组的安装相对于岸上安装的难度较高。常用于海上风力发电机组的吊装设备见表 9-5。

表 9-5　海上风力发电机组的吊装设备

名称	举例	说明
自航自升式安装船		具有运输、自航行、海上平台自升及起重等功能。可以运载多台风力发电机组，安装速度较快，效率较高，可以独立完成海上作业任务。海上作业时其桩腿立于海底，船体升到水面以上，保证了工作的稳定性。机动性能良好，可以快速撤离安装现场。甲板空间大，能放置便携式或模块式的海上施工设备，通用性比较好。图为世界上首艘海上风力发电机组吊装船五月花·果敢号（Mayflower Resolution），船身全长为 130.5m，载重为 7200t

（续）

名称	举例	说明
自升式起重平台		自升式起重平台的左右两侧装备了液压自升支腿系统，当吊装平台到达安装地点后，先抛锚稳住船身，再通过液压系统放下支腿到海床面，依靠液压支腿承受整个船身和所载设备的载荷，保证安装工作稳定进行。自升平台没有自航设备，甲板宽大而开阔。由于不具备自航能力，需要用拖船将其拖到指定的工作地点进行吊装工作。图为 SEA JACK 号自升式起重平台，船体长为 91.2m，总的甲板载荷为 4000t
浮式起重船		一般由普通海洋工程施工船改造，除了在过浅区域需要考虑吃水问题外其他区域不受水深限制；这种船舶多为自航，在不同风力发电机组位置间转场速度快，操纵性好；船舶的使用费用相对较低，但受天气和波浪条件的影响严重。如果采用此种船型进行海上风力发电机组整体式吊装，需加缓冲器等装置。图为 SVANEN 号重吊船，起吊能力达到 8700t
桩腿固定型安装船		是自航自升式安装船与起重船之间的一种折中方案。通常由常规船舶改建而成，尺度小于专门建造的安装船，桩腿为改建中安装。在作业中，船体依然依靠自身浮力漂浮在水上，桩腿只起到稳定船体的作用。典型安装船如 Sea Energy 和 Sea Power 号，均为集装箱货船改建，总长均为 91.76m，载重量为 2384t/2662t

2. 吊装方式

海上风力发电机组的吊装有分体吊装和整体吊装两种方式。无论采用哪种方式，其水下基础部分都是单独施工，因此本节所说的吊装是指机组的塔筒以上的部分。分体吊装的顺序是下部塔筒、上部塔筒、组装在一起的机舱和两个叶片，最后装另外一个叶片，如图 9-18a 所示。整体吊装是指陆地组装后，在海上整体运输和吊装，如图 9-18b 所示。

二、维护设备

海上风力发电机组的维护是指对机组进行保养和发生故障后进行维修。由于位置关系，海上风力发电机组的维护难度较大，费用较高。

1. 抵达机组的交通工具

受天气的影响，检修人员抵达机组的难度大、风险高。需要专用的交通工具，如图 9-19 所示的直升飞机和工作艇。

2. 采用专用维修设备

为了降低维修成本和难度，研制了一些海上专用的吊装和维修设备。图 9-20

a)

b)

图 9-18　吊装方式

a）分体吊装　b）整体吊装

a)

b)

图 9-19　维护用直升飞机和工作艇

a）直升飞机　b）工作艇

所示为风轮维护专用设备。

a)

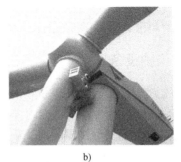

b)

图 9-20　风轮维护专用设备

a）叶片中部作业　b）叶片根部作业

第十章
风力发电机组的维护

不同类型的风力发电机组的维护要求也是不同的，机组维护人员应根据风力发电机组的运行维护安全使用手册进行维护工作。在维护中，一方面保证机组运行安全，同时还要确保维护人员的安全。

本章仅介绍一些风力发电机组维护中的共性问题，包括维护重点，以及常见故障的分析。

第一节　维护周期及常用工具

一、维护周期

1）风力发电机组安装调试完运行一个月后，需要进行全面维护，包括所有螺栓联接的紧固、各个润滑点的润滑，以及其他需要检查的项目。

2）最初运行一个月的维护完成后，风力发电机组的正常维护分为间隔半年维护和间隔一年维护。间隔半年维护主要是检查风力发电机组的运行状况以及向各个润滑点加注润滑脂；间隔一年维护还需抽查螺栓力矩，如发现松动现象，则应对该处全部螺栓进行检查校正。定期维护具体内容见第八节。

二、维修所需的常用工具

1）各种扳手：液压扳手、扭力扳手（如：1500N·m、600N·m、300N·m）、敲击扳手、各种呆扳手、各种梅开棘轮扳手、各种套筒、活动扳手、内六角扳手、钩子扳手和加长杆。

2）旋具：旋具套筒、一字螺钉旋具、十字螺钉旋具。

3）各种通用和专用油枪。

4）测量用品：数字式万用表、卷尺等。

5）清洁用品：毛刷、卫生纸、抹布、垃圾袋。

6）安全用品：安全带、安全帽、安全靴、绝缘手套、防护眼镜、保暖衣、止跌扣和加长绳（带缓冲）等。

其他如线滚子、对讲机、手电筒和望远镜等。

第二节 风力机的维护

一、叶片的维护

风力机维护的重点是叶片的维护。叶片的表面有胶衣保护，叶片胶衣硬度和韧性都高于其本体的复合材料和玻璃纤维布。风力机运行3~5年后，由于风沙的抽磨，叶片外层的胶衣受到破坏，就容易产生砂眼和裂纹，同时产生较大的噪声，必要时应对胶衣进行修补。

1. 叶片表面砂眼

叶片的胶衣层破损后，被风沙抽磨的叶片首先出现麻面，麻面其实是细小的砂眼。由于风雨的侵蚀，砂眼会逐步扩大如图10-1所示，使风力机的运转阻力增加。如果砂眼存水，会降低风力机的避雷能力。修复砂眼可以采用抹压法和注射法。采用注射法是从砂眼底部向外堵，使内结面积增大饱和、无气隔。

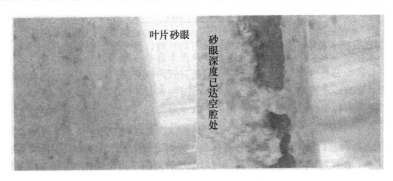

图10-1 叶片表面砂眼

2. 叶片表面裂纹

叶片表面裂纹如图10-2所示，一般在风力机运行2~3年后就会出现。造成裂纹的原因是低温和叶片自振。如果裂纹出现在叶片根部，更容易加深、加长。风沙和污垢也会使裂纹扩张。纵向裂纹可导致叶片的开裂；横向裂纹可导致叶片的断裂。横向裂纹严重时会使叶片折断。叶片表面裂纹产生的位置，一般都在人们视线的盲区，加之油渍、污垢、烟雾等遮盖，从地面用望远镜很难发现。所以要注意叶片噪声的变化，因为叶片噪声往往预示着表面裂纹的出现。

定期观察叶片，沿着叶片边缘寻找裂纹。所有被发现的裂纹应该登记风力发电机组号、叶片号、在叶片上的位置、长度、方向和裂纹类型。

图 10-2　叶片表面裂纹

对仅出现在表层的裂纹，如果可能的话，应该在裂纹末尾做上标记并记录日期。在接下来的检查中，如果裂纹没有变大，不需要采取进一步措施。敲击表面可以检查断层。如果发现断层，要做出标记，并记录尺寸。如果在叶片根部或叶片体上发现裂纹，机组必须停止工作。关于裂纹或其他的损坏情况，必须向生产厂家服务部门报告，已经深入玻璃纤维加强层中的裂纹，必须及时修理。

如果出现横向裂纹，必须采用拉缩加固复原法修复。此法是采用专用的拉筋黏合，修复后的区域抗拉强度可大于其他区域。细小的裂纹可用非离子活性剂清洗后涂数遍胶衣加固。

3. 叶尖的磨损及开裂

风力机工作时，叶尖磨损最大。每年都有大约 0.5cm 左右的磨损缩短，严重的磨损会造成叶尖的开裂，如图 10-3 所示。解决风力机叶尖开裂的方法是风

图 10-3　叶尖的开裂

力机运转几年后，做一次叶尖的加长和加厚，使叶片的长度和质量复原。叶尖的开裂多见于定桨距风力发电机组。

4. 盐雾和污垢对叶片的影响

沿海地区的风力机叶片运行两三年后，会出现发暗现象，这是盐雾结晶。盐雾的主要成分是强酸性金属盐和金属氧化物，使海水蒸发的盐分与空气中污物混合而成，颜色为灰白色结晶体，显冰凌角形且不易溶解。解决方案是采用非离子表面活性剂重复清洗，待溶解出叶片原始底面后再用清水冲洗。

一般情况下，叶片边缘时常有由昆虫引起的污染物，但在风轮上的污物不是特别多时，不必清洗。在下次雨季来临的时候将会将污物去除。在必须清洗叶片时，可以用发动机清洗剂（及其他同类产品）和刷子来清洗。油脂和油污点也可以使用发动机清洗剂去除。如果叶片迎风面在雨后还显黑色，则很有可能出现表面损坏。

5. 雷电对叶片的损坏

如果叶片发出极强的噪声，可能是由于雷电损坏引起的。在雷电损坏处，叶片外壳上有空洞。由于叶片框架有部分脱落的危险，机组必须停止工作。

雷电损坏的标志有：叶片表面有灼烧的黑色痕迹，在远处看起来像油脂和油污点；前部边缘上和表层上有纵向裂纹，如图10-4所示；骨架边缘出现断层；当风轮旋转时叶片噪声很大。

雷电损坏的叶片必须拆卸下来维修，叶片的修理必须由制造商进行。一个新的或修复后的叶片安装后，必须与其他叶片保持动平衡。

6. 叶片的修补

根据叶片损坏的情况，可采取修补措施对叶片进行维护。对玻璃纤维增强塑料叶片的修补可采取如下步骤：①从维修部位去除损坏的和不再

图10-4　雷电对叶片的损坏

完整的黏结材料，对维修范围做彻底的清洁和打磨。②在邻接损坏区域的部位用玻璃纤维编结布进行层接，每次层接至少要做3层，纤维的顺序和方向应与原来的层压材料相同。③涂抹浸渍加强材料必须要彻底（避免空气侵入）。④表面防护采用精细树脂材料层，保证层压材料的固化。⑤树脂材料经充分固化之后，才能将维修过的部件再次投入使用。

二、叶片轴承的维护

根据生产厂家的要求，定时定量向叶片轴承加油脂。加油脂时在各油嘴处均匀压入等量润滑脂，在注入新油脂时，出脂孔需要打开，同时最好一边旋转一边加油脂。

三、轮毂的维护

对于固定式轮毂来说，其安装、使用和维护较简单，日常维护工作较少，只要在设计时充分考虑了轮毂的防腐问题，基本上是免维护的。而铰链式轮毂则不同，由于轮毂内部存在受力铰链和传动机构，其维护工作是必不可少的。维护时要注意受力铰链和传动机构的润滑、磨损及腐蚀情况，及时进行处理，以免影响机组的正常运行。

第三节　发电系统的维护

一、发电机的维护及故障分析

1. 运行维护

发电机维护必须由受过培训的专业技术人员进行，维护时须配备相应的保护措施（防护眼镜、过滤口罩或呼吸过滤器等）。维护前必须关闭发电机，确保安全，做好维护记录。

（1）年度维护

根据发电机运行环境，每年进行一次整体清洁维护；检查所有紧固件（螺栓、垫圈等）联接是否良好；检查绝缘电阻是否满足要求。

（2）检测绝缘电阻

第一次起动之前或长时间放置起动前，应测量绕组绝缘电阻值（包括绕组对地绝缘电阻和绕组之间的绝缘电阻）。原因是经过运输、存放或装机之后，可能会有潮气侵入，而造成电阻值降到最小绝缘电阻以下。如果最小绝缘电阻达不到发电机使用说明书的要求，不要起动发电机，应对绕组进行干燥处理。

如果有必要对绕组进行烘干处理，可以选择以下方案：

1）电流干燥法：对绕组分别通以合适的低压直流或交流电源，使绕组温度不超过75℃。例如，选择两个端子 U、V 为输入，每小时交换接线，更换 U、W 或 V、W。同时打开观察孔，通风消散潮气。此种干燥方法适用于非常潮湿的绕组。

2）用加热装置干燥：用干燥炉、加热电阻器、热吹风机或其他装置进行干燥，如有可能，使用可设定温度的加热装置。打开观察孔通风消散潮气。

每种干燥方式都应缓慢、连续地进行。最高的干燥温度为75℃。干燥时，每小时测量记录一次绝缘电阻，确保绝缘电阻达到要求值。确认潮气消散后，结束干燥处理过程，重新运行发电机。

（3）轴承的维护

定时定量地向发电机传动端轴承和非传动端轴承加入指定牌号的润滑脂，加注润滑脂需要在发电机运转时进行，加注润滑脂后，从集油器中排除废油。发电机长时停用时，或更换轴承，或使用不同的润滑脂时，需要清洗后重新加油。做法是整体卸下轴承，用乙醚或汽油彻底清除旧油脂（注意安全），待乙醚或汽油挥发后，在轴承上注入新的润滑脂。安装时应保持清洁，发电机运行过程中再加入适量润滑脂。

如果发电机设有自动润滑系统，应定期检查系统运行情况，如润滑泵工作是否正常，油箱内是否有足够油脂，油脂质量是否达标。发现故障应及时排除。

（4）电刷的维护

每隔3个月进行定期检查。关停发电机，逐个取下电刷观察。正常状态下的电刷表面应光滑清洁。检查电刷高度，注意电刷磨耗，剩余高度不少于新电刷高度的1/3。如果电刷监控系统报警，应更换所有电刷。更换电刷时，注意用同一型号的新电刷代替。新电刷必须能在刷握里活动自如，不能有异常响声。如有异常响声，取下电刷检查刷握。刷握压力应在允许范围内，如果电刷压力达不到，更换损坏的刷握。刷握压力可用测力计检测。检查电刷的同时要检查集电环状态，尤其是集电环、刷握、连线、绝缘和刷架，并进行必要的清洁。

更换电刷前要进行预磨，做法是用砂纸带包住集电环，纸带宽度等于集电环宽度加两端余量，按发电机旋转的方向将电刷按组排列预磨。预磨开始时用粗大沙粒的砂纸来粗磨，然后用细砂纸进行精磨。粗磨两个方向都可以磨，精磨只能按发电机旋转方向进行。电刷接触面最少要达到集电环接触面的80%。磨完后，用软布仔细擦拭电刷表面，用手指触摸电刷，以确认没有异物。仔细清洗电刷刷件、集电环和集电环组件。

更换主电刷后，必须限制机组功率在小于50%容量的情况下运行72h后，才能满功率运行，以使新电刷与集电环能形成良好的结合面。

（5）集电环的维护

每3个月检查一次。集电环正常运行时会留下电刷的刷痕，集电环的表面质量反映出电刷的运行特性。发电机静止时目测集电环面，注意在运行时间约500h之后会出现小刷痕，小刷痕不会影响到集电环的安全功能。如果表面有烧结点，大面积烧伤或烧痕，集电环径向跳动超差，必须重磨集电环。如果出现小污点，用木制研磨工具，不断地按旋转方向来重磨集电环。此磨具必须与集电环的实际弯曲面一致，磨具和集电环之间夹一层细磨砂纸。

每6个月清洗集电环室一次。用毛刷仔细清洁集电环槽和中间部位，用软布清洁所有部件，清洁之后检查集电环室绝缘值是否满足要求。

（6）清洗集尘器

每年清洗集尘器一次。集电环室下面的通风处有一个集尘器，用来收集电刷碳粉。松开集尘器螺栓，卸掉盖子，拆掉过滤板，清扫或更换过滤棉，保证集尘器通风顺畅。

2. 发电机的故障分析

发电机常见的故障有绝缘电阻低，振动、噪声大，轴承过热、失效和绕组断路、短路接地等。

（1）绝缘电阻低

造成发电机绕组绝缘电阻低的可能原因有：发电机温度过高，机械性损伤，潮湿、灰尘、导电微粒或其他污染物污染侵蚀发电机绕组等。

（2）振动、噪声大

造成发电机振动、噪声大的可能原因有：转子系统（包括与发电机相联的变速箱齿轮、联轴器）动不平衡，转子笼条有断裂、开焊、假焊或缩孔，轴径不圆，轴弯曲、变形，齿轮箱—发电机系统轴线没对准，安装不紧固，基础不好或有共振，转子与定子相摩擦等。

（3）轴承过热、失效

造成发电机轴承过热、失效的可能原因有：不合适的润滑脂，润滑脂过多或过少，润滑脂失效，润滑脂不清洁，有异物进入滚道，轴电流电蚀滚道，轴承磨损，轴弯曲、变形。轴承套不圆或变形，发电机底脚平面与相应的安装基础支撑平面不是自然的完整接触，发电机承受额外的轴向力和径向力，齿轮箱—发电机系统轴线没对准，轴的热膨胀不能释放，轴承的内圈或外圈出现滑动等。

（4）绕组断路、短路接地

造成发电机绕组断路、短路接地的可能原因有：绕组机械性拉断、损伤，连接线焊接不良（包括虚焊、假焊），电缆绝缘破损，接线头脱落，匝间短路，潮湿、灰尘、导电微粒或其他污染物污染侵蚀绕组，长时间过载导致发电机过热，绝缘老化开裂，其他电气元件的短路、故障引起的过电压（包括操作过电压）、过电流而引起绕组局部绝缘损坏、短路，雷击损坏等。

发电机出现故障后，首先应当找出引起故障的原因和发生故障的部位，然后采取相应的措施予以消除。必要时应由专业的发电机修理企业或制造企业修理。

二、变流系统的维护及故障处理

1. 变流系统的功能测试

通过变流器控制柜上的控制面板可以进行以下控制操作：①预充电测试；②网侧断路器测试；③风扇强制动作；④发电机侧断路器吸合测试。

2. 变流系统接线及接地检查

检查时要确保电源已经断开，检查项目有：①接线是否牢固可靠；②连接电缆是否有磨损；③屏蔽层与接地之间的连接是否牢固可靠。

3. 对变流系统保护设定值的检查

应根据参数表和电路图的相应数值进行检查，既包括软件中的保护值，也包括硬件上的保护值。例如：①电压保护值；②电流保护值；③过热保护值等。

4. 水冷系统检查和维护

检查和维护项目有：①冷却液的防冻性；②水泵连接螺栓的紧固力矩；③水冷系统的静止压力是否为规定值；④管道与接头的密封性；⑤使用无纤维抹布和清洗剂清除冷却器表面脏物。

5. 水冷系统冷却水和防冻剂

冷却水为纯净水，防冻剂一般为乙二醇并加入专用防腐剂。北方平原地区冷却水和防冻剂按 1:1 的比例相配，混合液的冰点可以达到-35℃。东北地区冷却水和防冻剂按 1:1.3 的比例相配，混合液的冰点可以达到-45℃。

6. 水冷系统密封性检查

如果发现管路漏水，立即停止水冷系统的工作，查明漏水点并进行处理。如果在带压状态下无法完全处理，要对水冷系统放水。注意回收放出的水，并清理漏出的水。

7. 散热器、过滤器及水冷管路的清洗

1）散热器的清洗：由于长期暴露在机组外部，运行过程中会不断有灰尘及其他污染物附着在散热器表面和散热片之间，从而使热交换效率降低。建议每年用高压水枪对散热器进行一次冲洗、清理，时间最好在 5~6 月份。

2）过滤器的清洗：建议每年对变流器冷却水过滤器进行一次检查、清洗。

3）管路的清洗：以适当时间间隔对冷却管路进行清洗（包括变流器内的管路）。一般在运行两年后需要清理管路中的杂质。水硬度越高，清理周期越短。采用化学清洗应由专业人员操作。

8. 变流器的参数设置

变流器出厂时，厂家对每一个参数都有一个默认值。用户在使用变流器之前要对这些进行检查或设置。

1）确认发电机参数：变流器在参数中设定发电机的功率、电流、电压、转速、工作频率，这些参数可以在发电机铭牌中直接得到。

2）设定变流器的起动方式：一般变流器在出厂时设定由面板起动，用户可以根据实际情况选择起动方式，可以用面板、外部端子、通信方式等几种。

3）给定信号的选择：一般变流器的频率给定也可以有多种方式，如面板给定、外部电压或电流给定、通信方式给定等。

9. 变流器常见故障及处理

（1）参数设置类故障处理

一旦发生了参数设置类故障后，变流器不能正常运行，一般可根据说明书进行修改参数。如果以上修改不成功，最好将所有参数恢复为出厂值，然后按照用户使用手册上规定的步骤重新设置。不同公司生产的变流器，其参数恢复和设置的方式也不相同。

（2）变流器过电压

常见的过电压有两种情况。

1）输入交流电源过电压：这种情况是指输入电压超过正常范围，一般发生在负载较轻导致电压升高，或者电路出现故障时。此时应切断电源，找出原因，适当处理。

2）发电类过电压：这种情况出现的概率较大，主要在发电机的实际转速高于同步转速时发生。

在发生过电压故障时，变流器会报警，并执行过电压保护动作。

（3）变流器过电流

此类故障可能是由于变流器的负载发生突变、负载分配不均，输出短路等原因引起的。这时一般可通过减少负载的突变、进行负载分配设计、对线路进行检查来避免。如果断开负载，变流器仍存在过电流故障，说明变流器逆变电路已损坏，需要更换变流器。

（4）变流器过载

过载故障包括变流器过载和发电机过载，可能是输入电压太低、负载过重等原因引起的。一般应检查电网电压、负载等。

（5）变流器欠电压

说明变流器电源输入部分有问题，须排除故障后才能运行。

（6）变流器温度过高

应检查变流器散热情况及水冷却系统是否存在问题，设法排除相应故障。

三、变压器的维护

变压器的故障包括绕组的相间短路、接地短路、匝间短路、断线以及铁心的烧毁和套管、引出线的故障。当变压器外部发生故障时，由于其绕组中将流过较大的短路电流，会使变压器温度上升，变压器长时间过负载过励磁运行，也将引起绕组和铁心的过热和绝缘损坏。

变压器发生下列异常应停电处理：①变压器着火、冒烟；②端子过热熔断，形成非全相运行；③外壳破裂、大量冒油（对湿式变压器）；④套管有严重破裂和放电现象等。

电流互感器使用中注意事项：对于高压绕组，在运行中二次绕组必须可靠地进行保护接地，这样当一、二次绕组因绝缘破坏而被高压击穿时，则可将高压引入大地，从而确保人身和设备安全。电流互感器二次侧不允许开路。

互感器的检修项目和检修周期：电压互感器内部检修周期为5~10年一次；电流互感器内部检修周期为1~3年一次。检修项目：①直观检查；②绝缘试验；③极性试验；④误差测定；⑤伏安特性。

第四节　主传动与制动系统的维护

一、齿轮箱的使用及维护

风力发电机组齿轮箱的运行维护是风力发电机组维护的重点之一，只有运行维护水平不断得到提高，才能保证风力发电机组齿轮箱平稳运行，从而保证风力发电机组的正常工作。

1. 安装与空载试运转

在安装齿轮箱时，齿轮箱轴线和与之相联接的部件的轴线应保证同心，其误差不得大于所选用联轴器和齿轮箱的允许值，齿轮箱体上也不允许承受附加的扭转力。齿轮箱安装后用人工盘动应灵活，无卡滞现象。打开观察窗盖检查箱体内部机件应无锈蚀现象。用涂色法检验，齿面接触斑点应达到技术条件的要求。

按照说明书的要求加注规定的机油达到油标刻度线，在正式使用之前，可以利用发电机作为电动机带动齿轮箱空载运转。此时，经检查齿轮箱运转平稳，无冲击振动和异常噪声，润滑情况良好，且各处密封和结合面无泄漏，才能与机组一起投入试运转。加载试验应分阶段进行，分别以额定载荷的25%、50%、

75%、100%加载，每一阶段运转，以达到平衡油温为准，一般不得小于2h，最高油温不得超过80℃，其不同轴承间的温差不得高于15℃。

2. 日常维护

风力发电机组齿轮箱的日常运行维护内容主要包括：设备外观检查、噪声测试、油位检查、油温、电气接线检查等。

具体工作任务包括：在机组运行期间，特别是持续大风天气时，在中控室应注意观察油温、轴承温度；登机巡视风力发电机组时，应注意检查润滑管路有无渗漏现象，连接处有无松动，清洁齿轮箱；离开机舱前，应开机检查齿轮箱及液压泵运行状况，看看运转是否平稳，有无振动或异常噪声；利用油标尺或油位窗检查油位是否正常，借助玻璃油窗观察油色是否正常，发现油位偏低，应及时补充并查找具体渗漏点，及时处理。

平时要做好详细的齿轮箱运行情况记录，最后要将记录存入该风力发电机组档案，便于以后进行数据的对比分析。

3. 定期维护

定期维护即2500h和5000h维护。2500h维护主要内容：润滑油脂的加注、传感器功能测试、传动部件的紧固；5000h维护主要包括：紧固力矩检查、传感器功能测试、机组常见故障的排除等。齿轮箱的运行情况，可以通过这两次维护进行检测，只有认真仔细地完成齿轮箱全部检查项目，才能确保齿轮箱的平稳运行。

4. 更换润滑油

齿轮箱在投入运行前，应加注厂家规定的润滑油品，润滑油品第一次更换和其后更换的时间间隔，由风力发电机组实际运行工况条件来决定。齿轮箱润滑油品的维护和使用寿命受油品的实际运行环境影响，在油品运行过程中，分解产生的各种物质，可能会引起润滑油品的老化、变质，特别是在高温、高湿及高灰尘等条件下运行，将会进一步加速油品老化、变质，这些都是影响润滑油品使用寿命的重要因素，会对油品的润滑能力产生很大的影响，降低润滑油品的润滑效果，从而影响齿轮箱的正常运行。

新投入的风力发电机组，齿轮箱首次投入运行磨合250h后，要对润滑油品进行采样并分析，根据分析结果可以判断齿轮箱是否存在缺陷，并采取相应措施进行及时处理，避免齿轮箱损坏较严重时才发现。

齿轮箱油品第二次分析应在风力发电机组重新运行8000h（最多不超过12个月）后进行，若油质发生变化，氧化生成物过多并超过一定比例时，就应及时更换。如经分析认为该油品可以继续使用，那么再间隔8000h（最多不超过12个月）后对齿轮箱润滑油品进行再次采样、分析；如果润滑油品在运行18000h后，还没有进行更换，那么润滑油品采样分析的时间间隔将要缩短到

4000 运行小时（最多不超过6个月）；如果风力发电机组在运行过程中，出现异常声音或发生飞车等较严重故障时，齿轮箱润滑油品的采样分析可随时进行，以确保齿轮箱的正常运行。

对齿轮箱润滑油品的实际状态进行分析、检查和评估，油样的试验应由该油品的提供厂家做油品分析单。在进行油品采样时，应保证风力发电机组已运行较长时间，以确保齿轮箱润滑油品处于运行温度，且要在压力循环系统正常运行期间取油样，以保证漂浮物质未沉在油槽底部。

在齿轮箱零件需要更换时，备件应按照正规图样制造，更换新备件后的齿轮箱，其齿轮啮合情况应符合技术条件的规定，并经过试运转与载荷试验后再正式使用。对齿轮箱所进行的检测、保养、维修必须在齿轮箱不工作的情况下进行。

5. 润滑油净化和温控系统的使用及其维护

1）润滑系统初始运行前必须要进行以下准备工作：检查电动机液压泵单元的电动机运转方向是否正确，正确的旋向在电动机上已经标出。检查冷却系统电动机运转方向是否正确，正确的旋向已经标出。应避免电动机长时间反向运转，建议不要超过10s。检查管路系统是否安装好，是否有松动，是否漏装密封件。检查排气软管是否接好。

2）电动机液压泵单元的使用及其维护包括：电动机的工作电压应在规定范围内，在电动机铭牌上已经标出。电动机的风扇护罩需要定期清理，防止电动机过热。油液中最大的允许颗粒尺寸小于 $200\mu m$，大于此尺寸的微粒会导致液压泵过早磨损。液压泵的工作油液清洁度应符合相关标准，否则影响其寿命。液压泵的工作温度和黏度应符合要求，液压泵的最低工作温度为 $-30℃$，同时油液黏度必须小于 $1500×10^{-6} m^2/s$。如果液压泵过度磨损，会导致油液流量不能达到要求，此时系统温度会升高，在这种情况下必须更换液压泵。

3）过滤器组的维护主要是滤芯的更换；使用中的过滤器配有压差发讯器，如果其发出信号就需要更换滤芯。被污染的滤芯必须要更换，如果不更换污染的滤芯会对整个系统造成损坏。更换受污染的滤芯要按照以下步骤进行：停止设备运行并且从过滤器释放系统压力；打开排油阀；打开过滤器盖并且将工作油液放到合适的容器内；轻轻晃动并且拉出滤芯；清洁过滤器内壁；关闭排油阀；检查过滤器端盖密封件，如果有必要请更换；拿出更换用滤芯，确认和旧滤芯是同一型号，装入滤壳内（之前应确认密封件没有损坏，并且安装好密封件）；安装好过滤器端盖；更换滤芯时要更换密封件，新滤芯带有新的密封件。

检查被换下的滤芯是否有铁屑存在，如有较多铁屑，应该化验齿轮箱润滑油品，通过化验结果，判断齿轮箱是否有潜在的危险。将新的滤芯安装到机组上后，应开机听液压泵和齿轮箱运行声音是否正常，观察液压泵出口压力表压力是否正常。安装滤油器外壳时，应注意对正螺纹，均匀用力，避免损伤螺纹和密封圈。

4）冷却器的维护：通常情况下冷却器所需要的维护非常少，但是应当注意的是，冷却器必须要保持清洁，否则会影响其散热功率和电动机的寿命。

在工作状态下润滑系统是带压的，因此在工作时不要松动或拆卸润滑系统的任何元件或壳体，否则，高温和高压的工作油液可能会溢出。泄漏的工作油液会带来危险。对过滤器操作时要戴护目镜和安全手套。

二、齿轮箱常见故障及排除

齿轮箱的常见故障有齿轮损伤、轴承失效、断轴和渗漏油、油温高等。

1. 齿轮损伤

齿轮损伤的影响因素很多，包括选材、设计、加工、热处理、安装调试、润滑和使用维护等。常见的齿轮损伤有轮齿折断和齿面损伤两类。

轮齿折断（或称断齿，见图 10-5）常由细微裂纹逐步扩展而成。根据裂纹扩展的情况和断齿原因，断齿可分为过载折断（包括冲击折断）、疲劳折断以及随机断裂等。

图 10-5　轮齿折断

过载折断总是由于作用在轮齿上的应力超过其极限应力，导致裂纹迅速扩展，常见的原因有突然冲击超载、轴承损坏、轴弯曲或较大硬物挤入啮合区等。断齿断口有呈放射状花样的裂纹扩展区，有时断口处有平整的塑性变形，断口处常可拼合。仔细检查可看到材质的缺陷，齿面精度太差，轮齿根部未做精细处理等。

疲劳折断发生的根本原因是轮齿在过高的交变应力重复作用下，从危险截面（如齿根）的疲劳源起始的疲劳裂纹不断扩展，使轮齿剩余截面上的应力超过其极限应力，造成瞬时折断。在疲劳折断的发源处，是贝状纹扩展的出发点并向外辐射。产生的原因是设计载荷估计不足，材料选用不当，齿轮精度过低，热处理裂纹，磨削烧伤，齿根应力集中等。

随机断裂的原因通常是材料缺陷、点蚀、剥落或其他应力集中造成的局部应力过大，或较大的硬质异物落入啮合区引起。

齿面疲劳损伤（见图10-6）是在过大的接触应力和应力循环作用下，轮齿表面或其表层下面产生疲劳裂纹并进一步扩展而造成的齿面损伤，其表现形式有早期点蚀、破坏性点蚀、齿面剥落和表面压碎等。特别是破坏性点蚀，常在齿轮啮合线部位出现，并且不断扩展，使齿面严重损伤，磨损加大，最终导致断齿失效。

图10-6　齿面疲劳损伤

表面胶合损伤是相啮合齿面在啮合处的边界膜受到破坏，导致接触齿面金属融焊而撕落齿面上金属的现象，很可能是由于润滑条件不好或有干涉引起，适当改善润滑条件和及时排除干涉起因，调整传动件的参数，清除局部载荷集中，可减轻或消除胶合现象。

2. 轴承失效

轴承在运转过程中，内、外圈与滚动体表面之间经受交变载荷的反复作用，由于安装、润滑、维护等方面的原因，而产生点蚀、裂纹、表面剥落等缺陷（见图10-7），使轴承失效，从而使齿轮副和箱体产生损坏。据统计，在影响轴承失效的众多因素中，属于安装方面的原因占16%，属于污染方面的原因也占16%，而属于润滑和疲劳方面的原因各占34%。使用中有的轴承达不到预定寿命。因而，充分保证润滑条件，按照规范进行安装调试，加强对轴承运转的监控是非常必要的。通常在齿轮箱上设置了轴承温控报警点，对轴承异常高温现象进行监控，要随时随地检查润滑油的变化，发现异常立即停机处理。

3. 断轴

断轴也是齿轮箱的重大故障之一，其原因大多是在制造中没有消除应力集中因素，在过载或交变应力的作用下，超出了材料的疲劳极限。

4. 齿轮箱油温高

如果齿轮箱出现异常高温现象，可能是由于风力发电机组长时间出力过高

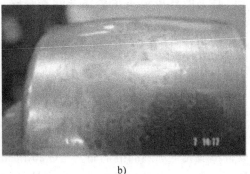

a)   b)

图 10-7　轴承损伤

a）内圈损伤　b）滚子表面损伤

或者是风力发电机组本身散热系统工作不正常等因素造成的。这时应根据具体情况，分析造成齿轮箱油温过高的原因，及时记录有关风力发电机组运行数据，并与正常运行机组对比。首先检查齿轮箱在运行时，是否有异常，如振动声音增大、运行时伴有间歇声音等，这时必须立刻停止风力发电机组的运行，通过齿轮箱本体的各个观测孔，仔细检查齿轮箱各个齿面、轴承情况，各传动零部件有无卡滞现象，前后连接接头是否松动，如果正常，要检查润滑油供应是否充分，特别是在各主要润滑点处，必须要有足够的油液润滑和冷却。同时应该采集油样，进行油品分析，看油品是否变质，及时更换润滑油品；其次，有可能由于机组本身在设计时，对风力发电机组散热考虑的疏忽，风力发电机组长时间运行时，机舱内散热性能较差，从而造成齿轮箱油温度上升较快，出现这种情况，只有改善机舱内部散热，才有可能减少齿轮箱油温度上升较快的问题，另外，还可以加装齿轮箱润滑油品外循环系统。

5. 润滑液压泵出口油压低

润滑液压泵出口管路上一般设有用于监控循环润滑系统压力的压力继电器，润滑液压泵出口油压低故障是由该压力继电器发信号给计算机的。润滑液压泵出口油压低可能是由液压泵失效和油液泄漏引起的。另外，当风力发电机组在满负载运行时，有可能齿轮箱缺油，而齿轮箱油位传感器未动作，当液压泵输出流量小于设定值时，压力继电器同样也会动作，也有可能由于压力继电器老化，设定值发生偏移，这时就需要重新设定该压力继电器动作值。

6. 齿轮箱油位低

齿轮箱油位的监测，通常是依靠一个安装在保护管中的磁电位置开关完成的，它可以避免油槽内扰动而引起开关的误动作。当报警系统显示出齿轮油位低时，应及时登机检查齿轮箱及润滑管路是否渗漏，油位开关工作是否正常，接线是否有松动，如果出现渗漏，应当及时进行处理。另外，润滑油在齿轮箱外设管路循环时，可能造成齿轮箱本体内油位下降，这种情况多出现于新投入使用的机组，需要补加适量润滑油品，但不能补加过量，过量地补加润滑油品会造成润滑油从高速输出轴或其他部位渗漏。

7. 润滑液压泵过载

这类故障多出现在北方的冬季，由于风力发电机组长时间停机，齿轮箱加热元件不能完全加热润滑油品，造成润滑油品黏度变大，当风力发电机组起动，液压泵工作时，电动机过负载。出现该类故障后应使机组处于待机状态，逐步加热润滑油至正常值后再起动风力发电机组，避免由于强制起动风力发电机组时，润滑油黏度较大造成润滑不良，而损坏啮合齿面或轴承等传动部件。另一常见原因是由于部分使用年限较长的机组，液压泵电动机输出轴油封老化，导致齿轮油品进入接线端子盒，造成端子接触不良，三相电流不平衡，出现过载故障，更严重的情况是润滑油品会大量进入电动机绕组，破坏绕组气隙，造成过载。出现上述情况后应更换油封，清洗接线端子盒及电动机绕组，并加温干燥后重新恢复液压泵运行。

三、联轴器的维护

联轴器的维修保养周期应该与整机的检修周期保持一致，但至少6个月一次。

低速轴所用的胀套式联轴器出厂时由制造厂安装并测试合格。严禁拆卸缩紧盘的螺栓。在联轴器投入使用后，每个整机检修周期都必须检查螺栓、行星架，如有异常（如出现裂纹、螺栓松动等），就应检查其拧紧力矩、查找故障原因。

要注意检查高速轴联轴器的安装偏差的变化。由于齿轮箱、发电机的底座为弹性支撑，随着风机运行时间的延长，有必要检验联轴器的安装对中度是否出现变化，如有必要，需重新调整齿轮箱和发电机的安装位置，调整时需激光校准（见图10-8）。对于膜片联轴器，万一单片膜片破裂就必须更换整个膜片组，并且检查相应的连接法兰确保没有损坏。

四、制动机构的维护及故障排除

定期检查摩擦块磨损情况，达到磨损限度时应及时更换；检查制动盘是否有凹槽和掉色，制动盘的空隙和位置是否正常，如有问题应及时解决；检查每个独立弹簧的位置以及相互之间的关系，即使仅有一个弹簧遭到破坏，也要更换整个弹簧包。在检查和维修制动机构时，要将机器置于停机状态，锁定转子，释放制动器中的液压力。

调整摩擦片间隙的步骤：①锁紧风轮制动盘，松开制动器。②松开调节杆上的锁紧螺母，将调节杆向内拧进，使制动盘两边摩擦片距离相等。③重新拧紧锁紧螺母。

图 10-8　激光校准位置

更换摩擦片的步骤：①锁紧风轮制动盘，松开制动器。②完全松开上侧摩擦片衬块上的螺栓，拿开摩擦片衬块。拧下摩擦片背面的内六角螺栓，取出磨损的摩擦片。③换上新的摩擦片。④调整摩擦片间隙。⑤检查液压连接和电气控制信号是否正确。

制动机构可能的故障以及解决方案见表 10-1。

表 10-1　制动机构可能的故障以及解决方案

故　障	原　因	解决方案
制动器起动慢	液压系统中有空气 摩擦块和制动盘之间空隙大 液压系统中有异常的堵塞 液压油黏度太高	排气系统设在最高点 校正空隙 清洗和检查管路和阀 更换或加热液压油
制动时间长或制动力不足	负载过大或速度过高 气隙太大 在摩擦块和制动盘之间有油脂 弹簧不配套或损坏	检查制动距离和负载、速度 检查气隙，进行校正 清洗摩擦块和制动盘 更换所有的弹簧
油液渗漏	密封损坏	更换密封圈，检查密封表面
摩擦块上异常严重的磨损	制动器使用过频繁 气隙不足 制动器提起不适当	检查负载是否超过额定值 检查气隙，进行校正 检查液压力，检查摩擦块、活塞、弹簧导槽的位置是否正确，并进行校正

第五节 变桨距、偏航及辅助系统的维护

一、变桨距系统的维护

1. 液压变桨距执行机构的检查与维护

1）定期检查项目：①变桨距杆是否正常，有无磨损及变形；②活塞杆表面有无损伤，液压缸有无泄漏；③测量液压缸支架的轴承间隙，校准液压缸位置；④变距轴承是否正常，密封有无泄漏；⑤变距液压缸正负方向的流量是否正常；⑥变桨距系统的正弦响应是否正常。

2）定期维护项目：①润滑变距轴承座导向环；②润滑活塞杆的连接轴承；③润滑变距轴承；④润滑液压缸安装支架轴承。

2. 伺服三相异步电动机的维护

（1）控制电路电气元器件检查

1）安装接线前应对所使用的电气元器件逐个进行检查，电气元器件外观是否整洁，外壳有无破裂，零部件是否齐全，各接线端子及紧固件有无缺损、锈蚀等现象。

2）电气元器件的触头有无熔焊粘连变形，严重氧化锈蚀等现象；触头闭合分断动作是否灵活；触头开距、超程是否符合要求；压力弹簧是否正常。

3）电气元器件的电磁机构和传动部件的运动是否灵活；衔铁有无卡住，吸合位置是否正常等，使用前应清除铁心端面的防锈油。

4）用万用表检查所有电磁线圈的通断情况。

5）检查有延时作用的电气元器件功能，如时间继电器的延时动作、延时范围及整定机构的作用；检查热继电器的热元件和触头的动作情况。

6）核对各电气元器件的规格与图样要求是否一致。

（2）检查电路

1）对照原理图、接线图逐线检查，核对线号，防止接线错误和漏接。

2）检查所有端子接线接触情况，排除虚接现象。

（3）试车

完成上述检查后，清点工具材料，清除安装板上的线头杂物，检查三相电源，在有人监护下通电试车。

1）空操作试验：首先拆除电动机定子绕组接线，接通电源，按下相应按钮，接触器应立即动作，松开按钮，则接触器应立即复位，认真观察接触器主触头动作是否正常，仔细听接触器线圈通电运行时有无异常响声。应反复试验

几次，检查电路动作是否可靠。

2）带负载试车：断开电源，接上电动机定子绕组引线，装好灭弧罩，重新通电试车，按下按钮，接触器动作，观察电动机起动和运行情况，松开按钮，观察电动机能否停机。

试车时，若发现接触器振动，且有噪声，主触头燃弧严重，电动机"嗡嗡"响，转动不起来，应立即停机检查，重新检查电源电压、电路、各连接点有无虚接，电动机绕组有无断线，必要时拆开接触器检查电磁机构，排除故障后重新试车。

3. 电动变距减速器的维护

变距减速器的润滑方式一般是浸油润滑加油脂润滑。在运行每 6 个月后，对油质进行如下检查：观察油液中有无水和乳状物；检查油液黏度，如与原来相比差值超过 20% 或减少 15%，说明油液失效；检查不溶解物，不能超过 0.2%，进行抗乳化能力检验，以发现油液是否变质；检查添加剂成分是否下降。如有问题则应换油或过滤。换油时由放油孔将油放出，然后再向注油孔注油，安装螺塞时应在螺纹处涂螺纹胶。

应保持润滑系统清洁，采取措施防止灰尘、湿气及化学物质进入齿轮及润滑系统，在重载、高温、潮湿的情况下应特别加强对油液的检查分析。当发现齿轮箱中油位过低时，应及时补充油。

在减速器的输入轴、输出轴处，分别有润滑脂孔用于润滑轴承，减速器出厂前已注满润滑脂。在运行每 6 个月后，应添加新的润滑脂。添加新的润滑脂时，应将旧的润滑脂全部排出。

4. 低压配电盘的安装与维修

首先低压配电盘应根据电气接线图来确定开关、熔断器、电气元件和仪表等的数量，然后根据这些电器的主次关系和控制关系，将其均匀对称地排列在盘面上。并要求盘面上的电器排列整齐美观，便于监视、操作和维修。通常将仪表和信号灯具居上，经常操作的开关设备居中，较重的电器居下。各种电器之间应保持足够的距离，以保证安全。

（1）低压配电盘的安装

1）配电盘（箱）的盘面应光滑（涂漆），且有明显的标志，盘架应牢固。

2）明装在墙上的配电盘，盘底距地面高度不小于 1.2m，显示面板应装在盘上方，距地面 1.8m；明装立式铁架盘，盘顶距地面高度不得大于 2.1m，盘底距地面不得小于 0.4m，盘后面距地面不得小于 0.6m；暗装配电盘底口距地面为 1.4m。

3）动力配电盘的负载电流在 30A 以上，应包铁皮。对负载电流为 30A 及以下的配电盘，应装有金属保护外壳的开关，可不包铁皮。

4）配电盘（箱）接地应可靠，其接地电阻应不大于 4Ω。

5）主配线应采用与引入线截面积相同的绝缘线；二次配线应横平竖直、整齐美观，应使用截面积不小于 1.5mm² 的铜芯绝缘线或不小于 2.5mm² 的铝芯绝缘线。

6）导线穿过木盘面时，应套上瓷套管，穿过铁盘面时，应装橡皮护圈。

7）在盘面上垂直安装的开关，上方为电源，下方为负载，相序应一致，各分路要标明线路名称；横装的开关，左方接电源，右方接负载。

8）配电盘（箱）上安装的母线，应分相按规定涂上色漆。

9）在配电盘（箱）上，宜装低压漏电保护器，以确保用电安全。

10）安装在室外的配电箱，应设有防雨罩；安装在公共场所的配电箱，铝门上应加锁。

（2）配电盘的运行与维修

一般用电场所都要通过配电盘获得电能。为了保证正常用电，对配电盘上的电器和仪表应经常进行检查和维修，及时发现问题和消除隐患。对运行中的配电盘，应做以下检查：

1）配电盘和盘上电气元器件的名称、标志、编号等是否清楚、正确，盘上所有的操作把手、按钮和按键等的位置与现场实际情况是否相符，固定是否牢靠，操作是否灵活。

2）配电盘上表示"合""分"等信号灯和其他信号指示是否正确（红灯亮表示开关处于闭合状态，绿灯亮表示开关处于断开位置）。

3）刀开关、开关和熔断器等的触点是否牢靠，有无过热变色现象。

4）二次回路线的绝缘有无破损，并用绝缘电阻表测量绝缘电阻。

5）配电盘上有操作模拟板时，模拟板与现场电气设备的运行状态是否对应一致。

6）仪表和表盘玻璃有无松动，并清扫仪表和电器上的灰尘。

7）巡视检查中发现的缺陷，应及时记入缺陷登记本和运行日志内，以利排除故障时参考分析。

5. 自动润滑系统的维护

变桨距系统常采用递进式集中润滑系统，对变距轴承和齿轮副进行自动润滑。系统运行和间隔时间可调。

当自动润滑系统不能按要求输出油脂时，可能的故障原因是：①电源未接通；②油箱无油脂；③油脂中有气泡；④使用了不适当的油脂；⑤泵的吸油口被堵死；⑥泵芯磨损；⑦泵芯的单向阀损坏或卡死。

如果油箱无油脂，需往油箱里加入干净油脂。并起动泵，直至有油脂从润滑点溢出。如果油脂中有气泡，应起动附加润滑循环，拧松安全阀出口接头或主管线，直至油脂中不外冒气泡再重新拧紧。

还应指出，本节变桨距系统的维护部分所涉及的内容，也适于其他功能块的类似部件，故在其他部分不再重述。

二、偏航系统的维护及常见故障

1. 偏航制动器

必须定期进行检查，偏航制动器在制动过程中不得有异常噪声；应注意制动器壳体和制动摩擦片的磨损情况，如有必要，进行更换；检查是否有漏油现象；制动器联接螺栓的紧固力矩是否正确；制动器的额定压力是否正常，最大工作压力是否为机组的设定值；偏航时偏航制动器的阻尼压力是否正常；每月检查制动盘和摩擦片的清洁度，以防制动失效；定期清洁制动盘和摩擦片。

当摩擦片的摩擦材料厚度达到下限时，要及时更换摩擦片。更换前要检查并确保制动器在非压力状态下。具体步骤如下：旋松一个挡板，并将其卸掉。检查并确保活塞处于松闸位置上（核实并确保摩擦片也在其松闸位置上）。移出摩擦片，并用新的摩擦片进行更换。将挡板复位并拧上螺钉，不要忘记安装垫圈，螺钉的紧固力矩应符合规定值。当由于制动器安装位置的限制，致使摩擦片从侧面抽不出时，则需将制动器从其托架上取下（注意：制动器与液压站断开）。

当需要更换密封件时，将制动器从其托架上取下（注意：制动器与液压站断开）。卸下一侧挡板，取下摩擦片，将活塞从其壳体中拔出，更换每一个活塞的密封件。重新安装活塞，检查并确保它们在壳体里的正确位置。装上摩擦片。重新装上挡板，不要忘记安装垫圈，螺钉的紧固力矩应符合规定值。将制动器重新安装到托架上（注意：两半台的泄漏油孔必须对正），并净化制动器和排气。

2. 偏航轴承

必须定期进行检查，应注意轴承齿圈的啮合齿轮副是否需要喷润滑油，如果需要，喷规定型号的润滑油；检查轮齿齿面的磨损情况；检查啮合齿轮副的侧隙是否正常；检查轴承是否需要加注润滑脂，如需要，则加注规定型号的润滑脂；检查是否有非正常的噪声；检查联接螺栓的紧固力矩是否正确。

密封带和密封系统至少每 12 个月检查一次。在正常的操作中，密封带必须保持没有灰尘。当清洗部件时，应避免清洁剂接触到密封带或进入滚道系统。若发现密封带有任何损坏，必须通知制造企业。避免任何溶剂接触到密封带或进入滚道内，不要在密封带上涂漆。

在长时间运行后，轨道系统会出现磨损现象。要求每年检查一次，对磨损进行测量。为了便于检查，在安装之后要找出4个合适的测量点并在支承和连接支座上标注出来。在这4个点上进行测量并记录数据，此数据作为基准测量数据（见图5-20）。检验测量在与基准测量条件相同的情况下重复进行。如果测量到的值和基准值有偏差，代表有磨损发生。当磨损达到极限值时，通知制造企业处理。

3. 偏航驱动装置

在日常巡视检查和维护时，应当注意观察偏航减速器的运行状态，必须定期检查减速器齿轮箱的油位，如低于正常油位，应补充规定型号的润滑油到正常油位；定期测试偏航制动释放功能和偏航电动机热继电器的功能，避免偏航减速器长期重载或过载运行。偏航减速器的润滑可参照变桨减速器的润滑。

另外，在日常巡视检查和维护工作中，检查偏航驱动装置是否有漏油现象；检查偏航减速器的小齿轮与偏航齿圈的啮合和润滑情况，及时清理偏航制动盘上的油污，保证足够的制动力矩，减少偏航减速器承受的冲击载荷；检查是否有非正常的机械和电气噪声；检查偏航驱动紧固螺栓的紧固力矩是否正确。

4. 偏航系统的常见故障

（1）齿圈齿面磨损

原因可能是：齿轮副的长期啮合运转；相互啮合的齿轮副齿侧间隙中渗入杂质；润滑油或润滑脂严重缺失使齿轮副处于干摩擦状态。

（2）液压管路或制动器渗漏

原因可能是：管路接头松动或损坏；密封件损坏。

（3）偏航压力不稳

原因可能是：液压管路出现渗漏；液压系统的保压蓄能装置出现故障；液压系统元器件损坏。

（4）异常噪声

原因可能是：制动器摩擦表面与制动盘不平行；润滑油或润滑脂严重缺失；偏航阻尼力矩过大；齿轮副轮齿损坏；偏航驱动装置中油位过低。

（5）偏航定位不准确

原因可能是：风向标信号不准确；偏航系统的阻尼力矩过大或过小；偏航制动力矩达不到机组的设计值；偏航系统的偏航齿圈与偏航驱动装置齿轮之间的齿侧间隙过大。

（6）偏航计数器故障

原因可能是：联接螺栓松动；异物侵入；连接电缆损坏；磨损。

三、液压系统的维护及常见故障

1. 设备的检查

在起动前的检查项目有：油位是否正常，行程开关和限位块是否紧固，手动和自动循环是否正常，电磁阀是否处在原始状态等。

在设备运行中，监视工况的项目有：系统压力是否稳定并在规定范围内，设备有无异常振动和噪声，油温是否在允许的范围内（一般为35～55℃范围内，不得大于60℃），有无漏油，电压是否保持在额定值的+5%～-15%的范围内等。

定期检查的项目有：螺钉和管接头的检查和紧固，10MPa以上的系统每月一次，10MPa以下的系统每三个月一次。过滤器和空气滤清器的检查，每月一次。定期进行油液污染度检验，对新换油，经1000h使用后应取样化验，取油样需用专用容器，并保证不受污染，取样应取正在使用的"热油"，不取静止油，取样数量为300～500mL/次，按油料化验单化验，油料化验单应纳入设备档案。

2. 液压油

液压系统的介质是液压油，一般采用专门用于液压系统的矿物油。液压系统的液压油应该与生产企业指定的牌号相符。

在正常工作温度下，液压油黏度范围一般为 $20 \times 10^{-6} \sim 200 \times 10^{-6} \mathrm{m}^2/\mathrm{s}$。当环境温度较低时，选用黏度较低的油液。

对于液压系统，油液的清洁十分重要。液压系统中的油液或添加到液压系统中的油液必须经常过滤，即使是初次用的新油也要过滤。不同品牌或型号液压油混合可能引起化学反应，例如出现沉淀和胶质等。液压系统中的油液改变型号之前应该对系统进行彻底的冲洗，并得到生产企业同意。

液压油的使用寿命：矿物油8000h或至少每年更换一次。

3. 清洗过滤器和空气滤清器

过滤器堵塞时会发出信号，需要进行清洗。清洗时要确保电机未起动，电磁阀未通电。在拔下插头、卸下配件前，要清洁液压单元表面的灰尘。打开过滤器后，取出滤芯清洗。若滤芯损坏，必须更换。清洁过滤器后，应检查油位，必要时要加足油液。在没收到堵塞信号的情况下，至少每6个月清洗一次过滤器。

在正常环境下，每1000h清洗一次空气滤清器；在灰尘较大的环境下每500h清洗一次空气滤清器。

4. 故障排除和更换元器件

大部分故障可以通过更换元器件解决，通常由生产厂家完成修理工作或更换新元器件。如果用户有这方面的知识或有合适设备（如测试台架），自己也可以进行维修。维修前应阅读使用说明书和液压原理图。液压系统最常见的问题是泄漏，导管接口处的泄露可以通过拧紧来解决，元器件发生的泄露则必须更换密封件。

排除故障后，最主要的是查出故障发生的诱因。例如，液压元件因油液污染而失效，则必须更换液压油。

5. 液压系统的常见故障

（1）出现异常振动和噪声

原因可能是：旋转轴联接不同心；液压泵超载或吸油受阻；管路松动；液压阀出现自激振荡；液面低；油液黏度高；过滤器堵塞；油液中混有空气等。

（2）输出压力不足

原因可能是：液压泵失效；吸油口漏气；油路有较大的泄漏；液压阀调节不当；液压缸内泄等。

（3）油温过高

原因可能是：系统内泄漏过大；工作压力过高；系统的冷却能力不足；在保压期间液压泵没泄荷；系统的油液不足；冷却水阀不起作用；温控器设置过高；没有冷却水或制冷风扇失效；冷却水的温度过高；周围环境温度过高；系统散热条件不好。

（4）液压泵的起停太频繁

原因可能是：系统内泄漏过大；在蓄能系统中，蓄能器和泵的参数不匹配；蓄能器充气压力过低；气囊（或薄膜）失效；压力继电器设置错误等。

（5）建压超时

原因可能是：元器件有泄漏；液压阀失效；压力传感器差错；电气元器件失效。

第六节　控制系统的故障与防护

一、控制系统的常见故障

风力发电机组控制系统的故障表现形式有两类：一类故障是暂时性故障，而另一类则属于永久性故障。例如，由于某种干扰使控制系统的程序"走飞"，脱离了用户程序。这类故障必然使系统无法完成用户所要求的功能。但系统复位之后，整个应用系统仍然能正确地运行用户程序。又如，某硬件连线、插头等接触不良，时而接触时而不接触，使系统工作时好时坏，出现暂时性的故障。

当然，另外一些情况就是硬件的永久性损坏或软件错误，它们造成系统永久故障。控制系统的常见故障可以从硬件和软件两个方面进行分析。

1. 硬件故障

构成风力发电机组控制系统的硬件包括主机及其外设，除了集成电路芯片、电阻、电容、电感、晶体管、电动机、继电器等许多元器件外，还包括插头、插座、印制电路板、按键、引线、焊点等。硬件的故障主要表现在以下几个方面：

（1）电气故障

电气故障主要是指电气装置、电气电路和连接、电气和电子元器件、电路板、接插件所产生的故障。这是风力发电机组控制系统中最常发生的故障。例如：①输入信号电路脱落或腐蚀；②控制电路、端子板、母线接触不良；③执行输出电动机或电磁铁过负载或烧毁；④保护电路熔丝烧毁或空气断路器过电流保护；⑤热继电器、中间继电器、控制接触器安装不牢，接触不可靠，动触点机构卡住或触点烧毁；⑥配电箱过热或配电板损坏；⑦控制器输入输出模板功能失效、强电烧毁或意外损坏。

（2）机械故障

机械故障主要发生在风力发电机组控制系统的电气外设中。凡由于机械上的原因所造成的故障都属于这一类。例如：①安全链开关弹簧复位失效；②偏航或变距减速器齿轮卡死；③液压伺服机构电磁阀心卡涩，电磁阀线圈烧毁；④风速仪、风向标转动轴承损坏；⑤转速传感器支架脱落；⑥液压泵堵塞或损坏等。

（3）传感器故障

这类故障主要是指风力发电机组控制系统的信号传感器所产生的故障，例如：①风速仪、风向标的损坏；②温度传感器引线振断、热电阻损坏；③磁电式转速电气信号传输失灵；④电压变换器和电流变换器对地短路或损坏；⑤速度继电器和振动继电器动作信号调整不准或给激励信号不动作；⑥开关状态信号传输线断或接触不良造成传感器不能工作等。

造成控制系统硬件故障的因素主要有如下几个方面：

（1）使用不当

在正常使用条件下，元器件有自己的失效期。经过若干时间的使用，它们逐渐衰老失效，这都是正常现象。在另一种情况下，如果不按照元器件的额定工作条件去使用它们，则元器件的故障率将大大提高。在实际使用中，许多硬件故障是由于使用不当造成的。例如，将电源加错、将设备放在恶劣环境下工作，在加电的情况下插拔元器件或电路板等。

各种元器件，都有它们自己的电气额定工作条件，这里仅以几种最常使用的元器件为例，予以简单的说明。

1）电阻器：各种电阻器具有各自的特点、性能和使用场合。必须按照厂家规定的电气条件使用它们。电阻器的电气特性主要包括阻值、额定功率、误差、温度系数、温度范围、线性度、噪声、频率特性、稳定性等指标。在选用电阻器时，应根据系统的工作情况和性能要求，选用合适的电阻器。例如，薄膜电阻可用于高频或脉冲电路；而线绕电阻只能用于低频或直流电路中。每个电阻都有一定的额定功率；不同的电阻温度系数也不一样。因此，使用者必须根据多项电气性能的要求，合理地选择电阻器。

2）电容器：电容器的电气性能参数包括容量、耐压、损耗、误差、温度系数、频率特性、线性度、温度范围等。在使用时必须注意这些电气特性。例如，在电容耗损大时，应用于大功率场合会使电容发热烧坏。超过电容的耐压范围使用，电容很快就会击穿。

3）集成电路芯片：就电气性能而言，不同的芯片，在不同的用途时都有许多具体要求。例如，工作电压、输入电平、工作最高频率、负载能力、开关特性、环境工作温度、电源电流等。应用时应予以注意。

（2）环境因素的影响

环境因素对风力发电机组控制系统产生很大的影响。因此，应用时必须想办法减少外界应力对硬件的影响。

1）温度的影响：由于温度增高，微机应用系统故障率明显增加。有些元器件，当温度增加10℃时，其失效率可以增加一个数量级。温度过低时，也可对控制系统产生影响。

2）电源的影响：电源自身的波动、浪涌及瞬时掉电都会对电子元器件带来影响，加速其失效的速度。电源的冲击、通过电源进入微机应用系统的干扰、电源自身的强脉冲干扰同样会使系统的硬件产生暂时的或永久性故障。

3）湿度的影响：湿度过高会使密封不良、气容性较差的元器件受到侵蚀。有些系统的工作环境不仅湿度大、且具有腐蚀性气体或粉尘，或者湿度本身就是由于溶解有腐蚀性物质的液体所造成的，故元器件受到的损害会更大。

4）振动、冲击的影响：振动和冲击可以损坏系统的部件或者使元器件断裂、脱焊、接触不良。

5）其他因素的影响：除上述环境因素之外，还有电磁干扰、压力、盐雾等许多因素。可能对风力发电机组控制系统的运行和寿命造成影响。

（3）结构及工艺上的原因

硬件故障中，由于结构不合理或工艺上的原因而引起的占相当大的比重。例如：某些元器件太靠近热源；需要通风的地方未能留出位置；将晶闸管、大继电器等产生较大干扰的器件放在易受干扰的元器件附近等。

工艺上的不完善也同样会影响到系统的可靠性。例如：焊点虚焊、印制电路板加工不良、金属氧化孔断开等工艺上的原因，都会使系统产生故障。

2. 软件故障

软件故障主要来自设计。例如：编程中的错误、规范错误、性能错误、中断与堆栈操作错误等。有一些硬件问题也会影响到软件。

二、减少故障的方法

1. 元器件的合理选择

合理地选择微机应用系统的元器件，对提高硬件可靠性是一个重要因素。首先要确定系统的工作条件和工作环境。例如，系统工作电压、电流、频率等等工作条件以及环境温度、湿度、电源的波动和干扰等环境条件。同时，还要预估系统在未来的工作中可能受到的各种影响、元器件的工作时间等因素。

把所选择的合适元器件的特性测试后，对这些元器件施加外应力，经过一定时间的工作，再把它们的特性重新测一遍，剔除那些不合格的元器件，这个过程称为筛选。在筛选过程中，所加的外应力可以是电的、热的、机械的等。在选择器件之后，使元器件工作在额定的电气条件下，甚至工作在某些极限的条件下，或再加上其他外应力。如使它们同时工作在高温、高湿、振动、拉偏电压等应力下，连续工作数百小时。此后，再对它们进行测试并剔除不合格者。使元器件在高温箱（温度一般在 $120\sim300℃$）存放若干小时，就是高温存贮筛选。将元器件交替放在高温和低温下，称为温度冲击筛选。

2. 降额使用

降额使用就是使元器件工作在低于它们的额定工作条件以下。一个元件或器件的额定工作条件是多方面的，其中包括电气的电压、电流、功耗、频率等，机械的压力、振动、冲击等及环境方面的温度、湿度、腐蚀等。元器件在降额使用时，就是设法降低这些条件。

3. 可靠的电路设计和冗余设计

这是在设计方面减少风力发电机组控制系统故障，增加可靠性的有效措施。

4. 降低环境影响

1）温度：对于高温，可增加通风，保证不让系统温度过高，必要时采用强迫风冷甚至采用水冷。当温度太低时，要采用保温措施，如加电加热器，保温套等。

2）冲击振动：冲击及振动环境下工作的风力发电机组控制系统应尽量降低冲击振动的影响。例如：在机架座加减振装置、四周用弹簧拉住等，以将这种影响减到允许的程度。

3）电磁干扰：各种电磁干扰，经过不同渠道进入微机应用系统，造成恶劣的影响。应根据实际情况采取相应措施，如屏蔽和接地等。

4）其他环境影响：对于某些特殊场合，必须设法降低湿度、粉尘、腐蚀等影响，防爆、防核幅射等。

第七节　支撑体系的维护

一、联接件的维护

支撑体系中有大量联接件。例如：塔架内外联接螺栓、平台吊板螺栓、塔梯联接螺栓、电缆梯联接螺栓、钢梁联接件等。要定期检查螺栓联接情况，检查是否有损坏、松动和锈蚀。发现松动的，应及时用力矩扳手拧紧，拧紧力矩应达到规定值；发现损伤和锈蚀严重的，要立即更换，更换时螺纹和螺母的支撑面应涂二硫化钼，多个联接件需要更换时，应逐一进行。

换季或温度变化大时，应对螺栓进行相对等分拧紧，拧紧力矩应满足规定要求，同时对螺栓螺母进行涂油防腐。

二、结构件的维护

定期对结构件外观进行检查，查看部件表面是否存在涂漆层脱落、锈蚀、外伤和变形问题。

对局部涂漆层脱落、锈蚀应及时处理，处理时应首先进行清理打磨，出现金属光面后进行两次补底漆（用环氧富锌底漆）和两次涂面漆处理。

对焊道处的外观进行重点检查与处理。例如：塔筒焊道、安装支座焊道、平台吊板焊道、塔梯焊道、电缆梯焊道和型钢吊板焊道等。

三、电缆和电缆夹块的维护

对各类电缆线路进行检查，要注意查看电缆是否扭曲，电缆表面是否有裂纹，电缆是否有向下滑的迹象。尤其注意对偏航纽缆处电缆进行重点检查。

电缆夹块（见图10-9）固定螺栓较容易松动，每次维护时都必须全面检

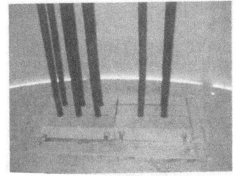

图10-9　电缆夹块

查。检查平台螺栓时，可将电缆夹块固定螺栓一并
紧固。

四、塔基水平度检测

应定期和随机（大风、暴雨后）对塔基水平度进
行检测。检测方法：在下塔筒外法兰盘上选取 4 个检
测点（如图 10-10 所示的 A、B、C、D），进行纵向与
横向水平检测。对比相关数据，不应有突变和趋势性
变化现象。检测点应有标志，检测面应进行保护。检

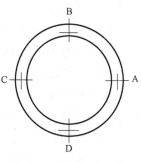

图 10-10　塔基检测点

测结果应进行记录，记录表包括检测日期、检测人员、各检测点的横向与纵向
水平度等。

五、塔筒标识的维护

塔筒内外标识应清晰，并按规定进行管理，塔筒内不得放置无关物品。定
期对塔筒内外标识进行维护，确保标识清晰。

六、接地装置的维护

接地装置在运行中接地线与接零线有时遭到外力破坏或腐蚀，会发生损伤
或断裂。另外，随着土壤的变化，接地电阻也能变化。因此，必须对接地装置
定期检查和测试。

1. 接地装置的安全检查周期

各种防雷装置的接地线每年（雨季前）检查一次；对有腐蚀性土壤的接地
装置，安装后应根据运行情况，一般每 5 年左右挖开局部地面检查一次；手动
电动工具及移动式电气设备的接地线，在每次使用前应进行检查；接地电阻一
般 1~3 年测量一次。

2. 检查内容

检查内容主要有：①检查接地线各连接点的接触是否良好，有无损伤、折
断和腐蚀现象；②对含有重酸、碱、盐和金属矿岩等化学成分的土壤地带，
应定期对接地装置的地下 500 mm 以上部位挖开地面进行检查，观察接地体的
腐蚀程度；③检查分析所测量的接地电阻值变化情况，是否符合要求，并在
土壤电阻率最大时进行测量，应作好记录，以便分析、比较；④设备每次检
修后，应检查接地线是否牢靠；⑤检查接地支线和接地干线是否连接牢靠；
⑥检查接地线与电气设备及接地网的接触是否良好，若有松动脱落现象，要
及时修补；⑦对移动式电气设备的接地线，每次使用前检查接地情况，观察

有无断股等现象。

3. 接地装置保护措施

注意日常维护，采取有效的保护措施，主要有：①要经常观察人工接地体周围的环境情况，不应堆放具有强烈腐蚀性的化学物质；②当发现接地装置接地电阻不符合要求时，及时采用降低接地电阻的措施；③对于接地装置与公路、铁道或管道等交叉的地方，要采取保护措施，避免接地体受到损坏；④在接地线引入建筑物的入口处，最好设有明显标记，为维护工作提供方便；⑤应保持明敷的接地体表面所涂的标记完好无损。

第八节　定期维护内容

表 10-2 列举了风电机组定期维护内容，供读者在维修作业中参考。

表 10-2　风电机组定期维护内容

检查内容		可视性检查	功能性检查及处理	时间间隔
叶片	表面	裂缝、针孔、雷击		一年
	叶片螺栓	外观及腐蚀情况	20%抽样紧固	一年
	接地系统	是否正常		一年
	锁定装置	是否正常		一年
导流罩和机舱罩	罩体	有无损坏		一年
	紧固螺栓		有无松动	一年
轮毂	轮毂表面	有无腐蚀		一年
	主轴法兰与轮毂装配螺栓		20%抽样紧固	一年
	变桨距系统	有无漏油	有无异常	半年
主轴	主轴部件	有无破损、磨损、腐蚀、裂纹，有无异常声音	100%紧固轴套与机座螺栓	一年
	主轴润滑系统及轴封	有无泄漏，轴承两端轴封润滑情况	按要求注油	半年
	轴承前端和后端罩盖	有无异常		一年
	注油罐油位	是否正常		半年
	主轴与增速箱的连接	是否正常		一年

（续）

检查内容		可视性检查	功能性检查及处理	时间间隔
液压系统	液压电动机		有无异常	半年
	液压系统本体	有无渗油、液压管有无磨损、电气接线端子有无松动		半年
	液压阀	工作是否正常		半年
	系统压力		是否达到设计值	半年
	连接软管和液压缸	泄漏与磨损情况		半年
	油箱油位	是否正常		半年
机械制动系统	接线端子	有无松动		半年
	制动盘和摩擦片间隙		不能超过厂家规定	一年
	摩擦片	磨损程度	必要时按厂家规定进行更换	一年
	制动盘	是否松动，有无磨损和裂缝	如果需要更换，按厂家规定执行	半年
	制动器相应螺栓		100%紧固	一年
	过滤器		按厂家规定时间更新	
	制动时间		按规定进行调整	半年
增速箱	增速箱声响	有无异常噪声		每月
	油温、油色，油标位置	是否正常		经常
	油冷却器和液压泵	有无泄漏		半年
	箱体外观	有无泄漏		半年
	油过滤器		按厂家规定时间更换	
	齿轮油		采集油样化验	一年
	支座缓冲胶垫	是否正常，有无老化		一年
	变速箱与机座螺栓		100%紧固	一年
	齿轮及齿面磨损	是否正常		一年
联轴器	弹性缓冲部件	是否正常		半年
	联轴器体		同心度检查	一年

（续）

检查内容		可视性检查	功能性检查及处理	时间间隔
发电机	电缆	有无损坏、破裂和绝缘老化		半年
	空气入口、通风装置和外壳冷却散热系统	是否正常		半年
	水冷却系统	有无渗漏	按厂家规定时间更换水及冷却剂、防冻剂	
	紧固电缆接线端子	有无松动	按厂家规定力矩标准执行	一年
	消音装置	是否正常		一年
	轴承润滑		注油型号、时间间隔和用量按有关标准执行	
	空气过滤器		检查并清洗	一年
	绝缘强度、直流电阻		检查绝缘强度、直流电阻等电气参数	五年
	发电机与底座紧固		按力矩表100%紧固螺栓	半年
	发电机轴偏差		按有关标准进行调整	五年
	集电环、电刷		清理碳粉，保洁	半年
传感器	风速、风向、转速、增速箱液位、液压油箱液位、温度、振动、方向传感器	有无异常松动、断线、损坏、结冰		半年
偏航系统	偏航变速箱外观	有无渗漏、损坏		半年
	塔顶法兰螺栓		20%抽样紧固	半年
	偏航系统螺栓		100%紧固	半年
	偏航系统转动部分润滑		注油，油型、油量及间隔时间按有关规定执行	
	偏航齿圈、轮齿	有无损坏，转动是否自如	必要时需做均衡调整	半年
	偏航电动机或偏航液压马达	是否正常		半年
	偏航功率损耗		是否在规定范围之内	一年
	偏航制动系统	是否正常		一年

（续）

检查内容		可视性检查	功能性检查及处理	时间间隔
控制柜	测试面板上的按钮功能		是否正常	半年
	接线端子、模板	是否松动、断线		半年
	箱体固定	是否牢固		半年
	安全链		功能是否正常	半年
塔架	中法兰和底法兰螺栓		20%抽样紧固	半年
	电缆表面	有无磨损、老化和损坏		半年
	塔门和塔壁	焊接有无裂纹、腐蚀		半年
	爬梯（或电梯）、平台、电缆支架、放风挂钩，照明灯、安全开关、防雷接地等	有无异常，如断线、脱落		半年
	塔身喷漆	有无脱漆腐蚀、密封是否良好		半年
	塔架垂直度		在厂家规定范围内	一年
	灭火器	是否过期失效		半年
变流器柜和并网柜	空气滤网、冷却风扇、散热器	是否正常		半年
	电抗器、滤波电容、功率模块、不间断电源	有无异常	清理灰尘	半年
	主断路器	有无异常	加润滑油	半年

附录 中华人民共和国国家标准
电工术语 风力发电机组

GB/T 2900.53—2001

idt IEC 60050—415：1999

Electrotechnical terminology-

Wind turbine generator systems

1 范围

本标准规定了风力发电机组常用基本术语和定义。

本标准适用于风力发电机组。其他标准中的术语部分也应参照使用。

2 定义

本标准采用下列定义。

2.1 风力机和风力发电机组

2.1.1 风力机 wind turbine

将风的动能转换为另一种形式能的旋转机械。

2.1.2 风力发电机组 wind turbine generator system；WTGS（abbreviation）

将风的动能转换为电能的系统。

2.1.3 风电场 wind power station；wind farm

由一批风力发电机组或风力发电机组群组成的电站。

2.1.4 水平轴风力机 horizontal axis wind turbine

风轮轴基本上平行于风向的风力机。

2.1.5 垂直轴风力机 vertical axis wind turbine

风轮轴垂直的风力机。

2.1.6 轮毂（风力机）hub（for wind turbines）

将叶片或叶片组固定到转轴上的装置。

2.1.7 机舱 nacelle

设在水平轴风力机顶部包容电机、传动系统和其他装置的部件。

2.1.8 支撑结构（风力机）support structure（for wind turbines）

由塔架和基础组成的风力机部分。

2.1.9　关机（风力机）shutdown（for wind turbines）
从发电到静止或空转之间的风力机过渡状态。

2.1.10　正常关机（风力机）normal shutdown（for wind turbines）
全过程都是在控制系统控制下进行的关机。

2.1.11　紧急关机（风力机）emergency shutdown（for wind turbines）
保护装置系统触发或人工干预下，使风力机迅速关机。

2.1.12　空转（风力机）idling（for wind turbines）
风力机缓慢旋转但不发电的状态。

2.1.13　锁定（风力机）blocking（for wind turbines）
利用机械销或其他装置，而不是通常的机械制动盘，防止风轮轴或偏航机构运动。

2.1.14　停机 parking
风力机关机后的状态。

2.1.15　静止 standstill
风力发电机组的停止状态。

2.1.16　制动器（风力机）brake（for wind turbines）
能降低风轮转速或能停止风轮旋转的装置。

2.1.17　停机制动（风力机）parking brake（for wind turbines）
能够防止风轮转动的制动。

2.1.18　风轮转速（风力机）rotor speed（for wind turbines）
风力机风轮绕其轴的旋转速度。

2.1.19　控制系统（风力机）control system（for wind turbines）
接受风力机信息和/或环境信息，调节风力机，使其保持在工作要求范围内的系统。

2.1.20　保护系统（风力发电机组）protection system（for WTGS）
确保风力发电机组运行在设计范围内的系统。
注：如果产生矛盾，保护系统应优先于控制系统起作用。

2.1.21　偏航 yawing
风轮轴绕垂直轴的旋转（仅适用于水平轴风力机）。

2.2　设计和安全参数

2.2.1　设计工况 design situation
风力机运行中的各种可能的状态，例如发电、停车等。

2.2.2　载荷状况 load case
设计状态与引起构件载荷的外部条件的组合。

2.2.3 外部条件（风力机）external conditions（for wind turbines）

影响风力机工作的诸因素，包括风况、其他气候因素（雪、冰等），地震和电网条件。

2.2.4 设计极限 design limits

设计中采用的最大值或最小值。

2.2.5 极限状态 limit state

构件的一种受力状态，如果作用其上的力超出这一状态，则构件不再满足设计要求。

2.2.6 使用极限状态 serviceability limit states

正常使用要求的边界条件。

2.2.7 最大极限状态 ultimate limit state

与损坏危险和可能造成损坏的错位或变形对应的极限状态。

2.2.8 安全寿命 safe life

严重失效前预期使用时间。

2.2.9 严重故障（风力机）catastrophic failure（for wind turbines）

零件或部件严重损坏，导致主要功能丧失，安全受损。

2.2.10 潜伏故障 latent fault；dormant failure

正常工作中零部件或系统存在的未被发现的故障。

2.3 风特性

2.3.1 风速 wind speed

空间特定点的风速为该点周围气体微团的移动速度。

注：风速为风矢量的数值。

参见：风矢量（2.3.2）。

2.3.2 风矢量 wind velocity

标有被研究点周围气体微团运动方向，其值等于该气体微团运动速度（即该点风速）的矢量。

注：空间任意一点的风矢量是气体微团通过该点位置的时间导数。

2.3.3 旋转采样风矢量 rotationally sampled wind velocity

旋转风轮上某固定点经受的风矢量。

注：旋转采样风矢量湍流谱与正常湍流谱明显不同。风轮旋转时，叶片切入气流，流谱产生空间变化。最终的湍流谱包括转动频率下的流谱变化和由此产生的谐量。

2.3.4 额定风速（风力机）rated wind speed（for wind turbines）

风力机达到额定功率输出时规定的风速。

2.3.5　切入风速 cut-in wind speed

风力机开始发电时，轮毂高度处的最低风速。

2.3.6　切出风速 cut-out wind speed

风力机达到设计功率时，轮毂高度处的最高风速。

2.3.7　年平均 annual average

数量和持续时间足够充分的一组测量数据的平均值，供作估计期望值用。

注：平均时间间隔应为整年，以便将不稳定因素如季节变化等平均在内。

2.3.8　年平均风速 annual average wind speed

按照年平均的定义确定的平均风速。

2.3.9　平均风速 mean wind speed

给定时间内瞬时风速的平均值，给定时间从几秒到数年不等。

2.3.10　极端风速 extreme wind speed

t 秒内平均最高风速，它很可能是特定周期（重现周期）T 年一遇。

注：参考重现周期 $T=50$ 年和 $T=1$ 年，平均时间 $t=3s$ 和 $t=10s$。极端风速即为俗称的"安全风速"。

2.3.11　安全风速（拒用）survival wind speed（deprecated）

结构所能承受的最大设计风速的俗称。

注：IEC 61400 系列标准中不采用这一术语。设计时可参考极端风速。

参见：极端风速（2.3.10）。

2.3.12　参考风速 reference wind speed

用于确定风力机级别的基本极端风速参数。

注：

1. 与气候有关的其他设计参数均可以从参考风速和其他基本等级参数中得到。

2. 对应参考风速级别的风力机设计，它在轮毂高度承受的 50 年一遇 10min 平均最大风速，应小于或等于参考风速。

2.3.13　风速分布 wind speed distribution

用于描述连续时限内风速概率分布的分布函数。

注：经常使用的分布函数是瑞利和威布尔分布函数。

2.3.14　瑞利分布 RayLeigh distribution

经常用于风速的概率分布函数，分布函数取决于一个调节参数——尺度参数，它控制平均风速的分布。

2.3.15　威布尔分布 Weibull distribution

经常用于风速的概率分布函数，分布函数取决于两个参数，控制分布宽度的形状参数和控制平均风速分布的尺度参数。

注：瑞利分布与威布尔分布区别在于瑞利分布形状参数 2。

2.3.16 风切变 wind shear

风速在垂直于风向平面内的变化。

2.3.17 风廓线；风切变律 wind profile；wind shear law

风速随离地面高度变化的数字表达式。

注：常用剖面线是对数剖面线和幂律剖面线。

2.3.18 风切变指数 wind shear exponent

通常用于描述风速剖面线形状的幂定律指数。

参见：风廓线；风切变律（2.3.17）。

2.3.19 对数风切变律 logarithmic wind shear law

表示风速随离地面高度以对数关系变化的数学式。

2.3.20 风切变幂律 power law for wind shear

表示风速随离地面高度以幂定律关系变化的数学式。

2.3.21 下风向 downwind

主风方向。

2.3.22 上风向 upwind

主风方向的相反方向。

2.3.23 阵风 gust

超过平均风速的突然和短暂的风速变化。

注：阵风可用上升-时间，即幅度-持续时间表达。

2.3.24 粗糙长度 roughness length

在假定垂直风廓线随离地面高度按对数关系变化情况下，平均风速变为零时算出的高度。

2.3.25 湍流强度 turbulence intensity

标准风速偏差与平均风速的比率。用同一组测量数据和规定的周期进行计算。

2.3.26 湍流尺度参数 turbulence scale parameter

纵向功率谱密度等于 0.05 时的波长。

注：纵向功率谱密度是个无量纲的数，由 GB 18451.1—2012《风力发电机组 设计要求》附录 B 确定。

2.3.27 湍流惯性负区 inertial sub-range

风速湍流谱的频率区间，该区间内涡流经逐步破碎达到均质，能量损失忽略不计。

注：在典型的 10m/s 风速，惯性负区的频率范围大致在 0.02Hz~2kHz 间。

2.4　与电网的联接

2.4.1　互联（风力发电机组）interconnection（for WTGS）

风力发电机组与电网之间的电力联接，从而电能可从风力机输送给电网，反之亦然。

2.4.2　输出功率（风力发电机组）output power（for WTGS）

风力发电机组随时输出的电功率。

2.4.3　额定功率（风力发电机组）rated power（for WTGS）

正常工作条件下，风力发电机组的设计要达到的最大连续输出电功率。

2.4.4　最大功率（风力发电机组）maximum power（for WTGS）

正常工作条件下，风力发电机组输出的最高净电功率。

2.4.5　电网联接点（风力发电机组）network connection point（for WTGS）

对单台风力发电机组是输出电缆终端，而对风电场是与电力汇集系统总线的联接点。

2.4.6　电力汇集系统（风力发电机组）power collection system（for WTGS）

汇集风力发电机组电能并输送给电网升压变压器或电负荷的电力联接系统。

2.4.7　风场电气设备 site electrical facilities

风力发电机组电网联接点与电网间所有相关电气装备。

2.5　功率特性测试技术

2.5.1　功率特性 power performance

风力发电机组发电能力的表述。

2.5.2　净电功率输出 net electric power output

风力发电机组输送给电网的电功率值。

2.5.3　功率系数 power coefficient

净电功率输出与风轮扫掠面上从自由流得到的功率之比。

2.5.4　自由流风速 free stream wind speed

通常指轮廓高度处，未被扰动的自然空气流动速度。

2.5.5　扫掠面积 swept area

垂直于风矢量平面上的，风轮旋转时叶尖运动所生成圆的投影面积。

2.5.6　轮毂高度 hub height

从地面到风轮扫掠面中心的高度，对垂直轴风力机是赤道平面高处。

2.5.7　测量功率曲线 measured power curve

描绘用正确方法测得并经修正或标准化处理的风力发电机组净电功率输出的图和表。它是测量风速的函数。

2.5.8　外推功率曲线 extrapolated power curve

用估计的方法对测量功率曲线从测量最大风速到切出风速的延伸。

2.5.9　年发电量 annual energy production

利用功率曲线和轮毂高不同风速频率分布估算得到的一台风力发电机组一年时间内生产的全部电能。计算中假设可利用率为100%。

2.5.10　可利用率（风力发电机组）availability（for WTGS）

在某一期间内，除去风力发电机组因维修或故障未工作的时数后余下的时数与这一期间内总时数的比值，用百分比表示。

2.5.11　数据组（功率特性测试）data set（for power performance measurement）

在规定的连续时段内采集的数据集合。

2.5.12　精度（风力发电机组）accuracy（for WTGS）

描绘测量误差用的规定的参数值。

2.5.13　测量误差 uncertainty in measurement

关系到测量结果的，表征由测量造成的量值合理离散的参数。

2.5.14　分组方法 method of bins

将实验数据按风速间隔分组的数据处理方法。

注：在各组内，采样数与它们的和都被记录下来，并计算出组内平均参数值。

2.5.15　测量周期 measurement period

收集功率特性试验中具有统计意义的基本数据的时段。

2.5.16　测量扇区 measurement sector

测取测量功率曲线所需数据的风向扇区。

2.5.17　日变化 diurnal variations

以日为基数发生的变化。

2.5.18　桨距角 pitch angle

在指定的叶片径向位置（通常为100%叶片半径处）叶片弦线与风轮旋转面间的夹角。

2.5.19　距离常数 distance constant

风速仪的时间响应指标。在阶梯变化的风速中，当风速仪的指示值达到稳定值的63%时，通过风速仪的气流行程长度。

2.5.20　试验场地 test site

风力发电机组试验地点及周围环境。

2.5.21　气流畸变 flow distortion

由障碍物、地形变化或其他风力机引起的气流改变，其结果是相对自由流产生了偏离，造成一定程度的风速测量误差。

2.5.22　障碍物 obstacles

邻近风力发电机组能引起气流畸变的固定物体，如建筑物、树林。

2.5.23　复杂地形带 complex terrain

风电场场地周围属地形显著变化的地带或有能引起气流畸变的障碍物地带。

2.5.24　风障 wind break

相互距离小于 3 倍高度的一些高低不平的自然环境。

2.6　噪声测试技术

2.6.1　声压级 sound pressure level

声压与基准声压之比的以 10 为底的对数乘以 20，以分贝计。

注：对风力发电机组，基准声压为 20μPa。

2.6.2　声级 weighted sound pressure level；sound level

已知声压与 20μPa 基准声压比值的对数。声压是在标准计权频率和标准计权指数时获得。

注：声级单位为分贝，它等于上述比值以 10 为底对数的 20 倍。

2.6.3　视在声功率级 apparent sound power level

在测声参考风速下，被测风力机风轮中心向下风向传播的大小为 1pW 点辐射源的 A 计权声级功率级。

注：视在声功率级通常以分贝表示。

2.6.4　指向性（风力发电机组）directivity（for WTGS）

在风力机下风向与风轮中心等距离的各不同测量位置上测得的 A 计权声压级间的不同。

注：

1. 指向性以分贝表示。

2. 测量位置由相关标准确定。

2.6.5　音值 tonality

音值指音的长短，由振动持续时间长短决定。

注：音值以分贝表示。

2.6.6　声的基准风速 acoustic reference wind speed

标准状态下（10m 高，粗糙长度等于 0.05m）的 8m/s 风速。它为计算风力发电机组视在声功率级提供统一的根据。

注：测声参考风速以 m/s 表示。

2.6.7　标准风速 standardized wind speed

利用对数风廓线转换到标准状态（10m 高，粗糙长度 0.05m）的风速。

2.6.8　基准高度 reference height

用于转换风速到标准状态的约定高度。

注：参考高度定为 10m。

2.6.9　基准粗糙长度 reference roughness length

用于转换风速到标准状态的粗糙长度。

注：基准粗糙长度定为 0.05m。

2.6.10　基准距离 reference distance

从风力发电机组基础中心到指定的各麦克风位置中心的水平公称距离。

注：基准距离以米表示。

2.6.11　掠射角 grazing angle

麦克风盘面与麦克风到风轮中心连线间的夹角。

注：

1. 拒用"入射角"这一术语。

2. 掠射角以度表示。

参 考 文 献

[1] 陈云程，陈孝耀，朱成名，等. 风力发电机设计与应用[M]. 上海：上海科学技术出版社，1990.

[2] 尹炼，刘文洲. 风力发电[M]. 北京：中国电力出版社，2002.

[3] 苏绍禹. 风力发电机设计与运行维护[M]. 北京：中国电力出版社，2003.

[4] 王长贵. 新能源发电技术[M]. 北京：中国电力出版社，2003.

[5] 宫靖远. 风电场工程技术手册[M]. 北京：机械工业出版社，2004.

[6] 王承煦，张源. 风力发电[M]. 北京：中国电力出版社，2003.

[7] 牟书令，等. 能源词典[M]. 2版. 北京：中国石化出版社，2005.

[8] 叶杭冶. 风力发电机组的控制技术[M]. 2版. 北京：机械工业出版社，2008.

[9] 贺德馨，等. 风工程与工业空气动力学[M]. 北京：国防工业出版社，2006.

[10] 吴治坚，等. 新能源和可再生能源的利用[M]. 北京：机械工业出版社，2006.

[11] 刘竹青. 风能利用技术[M]. 北京：中国农业科学技术出版社，2006.

[12] 郭新生. 风能利用技术[M]. 北京：化学工业出版社，2007.

[13] 刘万琨，等. 风能与风力发电技术[M]. 北京：化学工业出版社，2007.

[14] 惠晶. 新能源转换与控制技术[M]. 北京：机械工业出版社，2008.

[15] 宋学义. 液压袖珍气动手册[M]. 北京：机械工业出版社，1995.

[16] 徐灏. 机械设计手册[M]. 北京：机械工业出版社，1991.

[17] 孟庆和. 风力发电机组中的双馈感应电机[J]. 风力发电，2005(4)：20-29.

[18] MOLLY J P. 风能—理论、应用与测试[J]. 风力发电，1999.

[19] TONY BURTON, DAVID SHARPE, NICH JENKINS, et al. Wind energy handbook[M]. New York：John Wiley & Sons, Ltd, 2001.

[20] EGGLESTON D M, F S STODDARD. Wind Turbine Engineering Design[M]. New York：Van Nostrand Reinhold Company, 1987.

[21] MANWELL J F, J G MCGOWAN, A L ROGERS. Wind Energy Explained[M]. New York：John Wiley & Sons, Ltd, 2001.

[22] ANCA D HANSEN, POUL SORENSEN, FORIN LOV, et al.. Control of Variable Speed Wind Trubine with Doubly-fed Induction Generators[J]. Wind Eng., 2004, 28(4).

[23] 何显富，等. 风力机设计、制造与运行[M]. 北京：化学工业出版社，2009.

[24] 李建林，等. 风力发电中的电力电子变流技术[M]. 北京：机械工业出版社，2009.

[25] 阿赫玛托夫. 风力发电用感应发电机[M]. 北京：中国电力出版社，2009.

[26] 秦曾煌. 电工学：下册[M]. 北京：高等教育出版社，1981.

［27］　宋海辉. 风力发电技术及工程［M］. 北京：中国水利水电出版社，2009.

［28］　张小青. 风电机组防雷与接地［M］. 北京：中国电力出版社，2009.

［29］　牛山泉. 风能技术［M］. 刘薇，李岩，译. 北京：科学出版社，2009.

［30］　叶杭冶，等. 风力发电系统的设计、运行与维护［M］. 北京：电子工业出版社，2010.

［31］　刘中炎. 兆瓦级液力稳速型风力发电机组介绍［J］. 风力发电，2008(1)：24-32.

［32］　吴佳梁，李成峰. 海上风力发电机组设计［M］. 北京：化学工业出版社，2012.

［33］　John Twidell，等. 海上风力发电［M］. 张亮，白勇，译. 北京：海洋出版社，2012.

［34］　宋俊. 风力机空气动力学［M］. 北京：机械工业出版社，2019.

［35］　宋俊. 风能利用［M］. 北京：机械工业出版社，2014.